城市空间元素
公共环境设施设计

张海林　董雅　编著

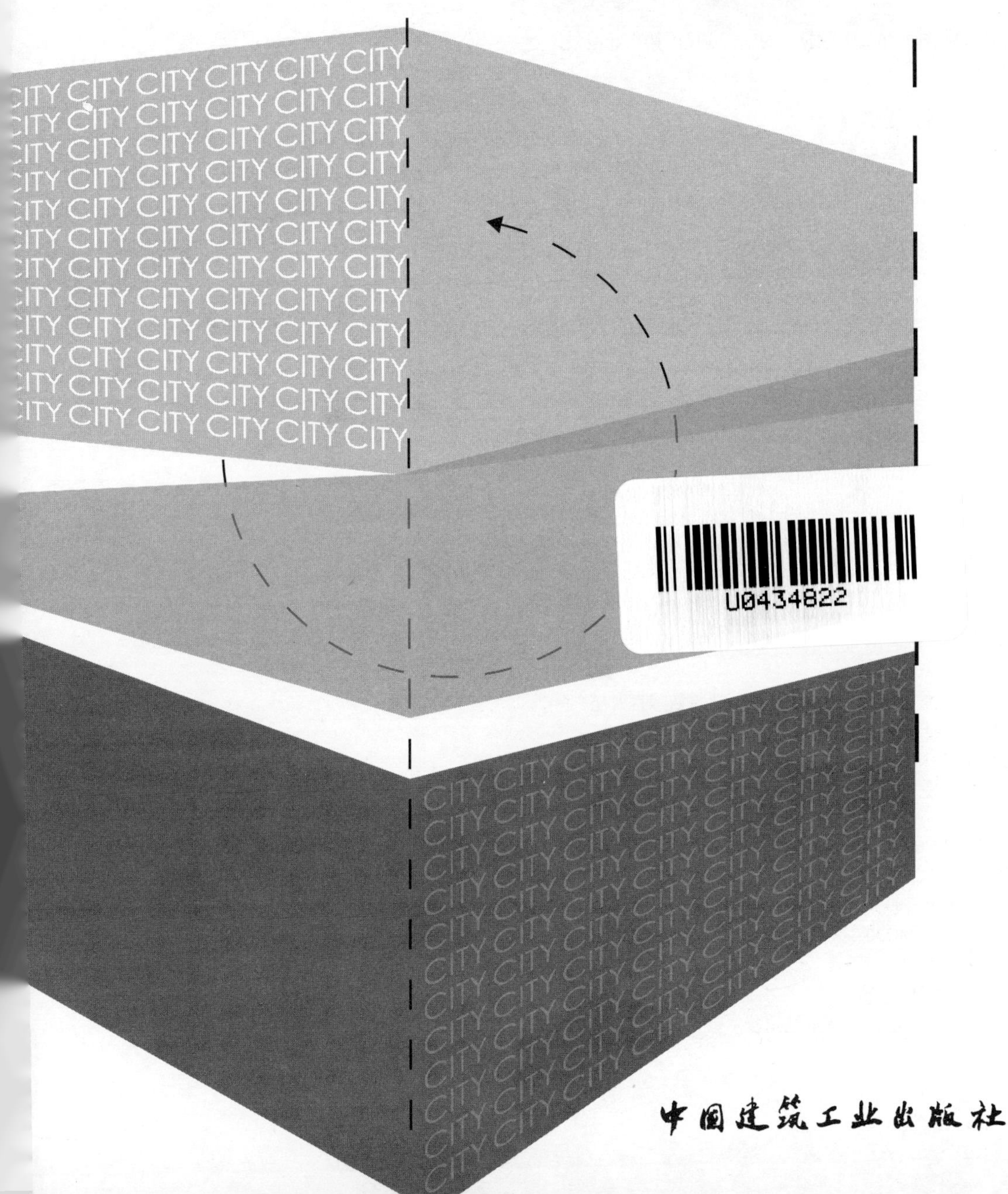

中国建筑工业出版社

图书在版编目（CIP）数据

城市空间元素 公共环境设施设计/张海林，董雅编著.—北京：中国建筑工业出版社，2007
ISBN 978-7-112-08730-3

Ⅰ.城... Ⅱ.①张...②董... Ⅲ.城市公用设施-环境设计 Ⅳ.TU984.14

中国版本图书馆CIP数据核字（2007）第025995号

责任编辑：李晓陶
责任设计：崔兰萍
责任校对：沈 静 梁珊珊

城市空间元素
公共环境设施设计
张海林 董 雅 编著
*
中国建筑工业出版社出版、发行（北京西郊百万庄）
各地新华书店、建筑书店经销
北京嘉泰利德公司制版
北京建筑工业印刷厂印刷
*
开本：787×960毫米 1/16 印张：9¾ 字数：250千字
2007年3月第一版 2013年2月第三次印刷
印数：4,501—5,500册 定价：**29.00**元
ISBN 978-7-112-08730-3
(15394)

目 录

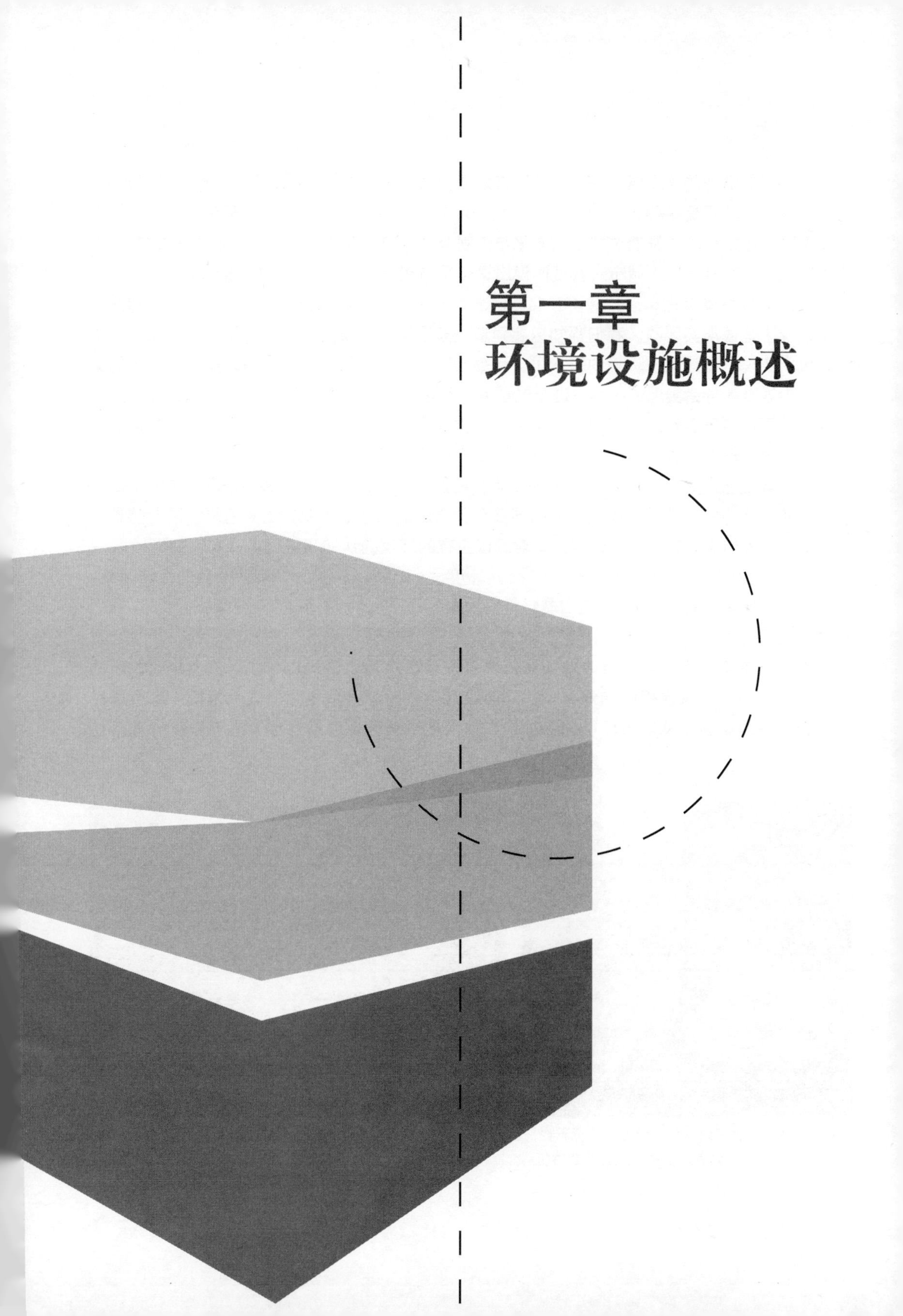

第一章 环境设施概述

一座具有活力的城市越有特色，其城市生活会越发达、繁荣，它是历史轨迹的美好延续，而公共环境艺术正是这种延续的升华。公共环境艺术担负着城市对未来的理想，对过去的怀念。城市的形象和内涵是通过城市的文化与景观公共环境设施来体现的，正如芬兰埃罗·沙里宁所说“让我看看你的城市，我就能说出这个城市居民在文化上追求的是什么”。

艺术的最高境界是和谐，对于公共环境艺术来说，和谐更是极致的追求。而这种和谐在城市建设中是很难实现的。我们都知道要建造一座完美的建筑尚且不易，更不要说在一个空间区域中实现所有建筑与环境的和谐了，而公共环境艺术正是这样一个将人类执着追求的美在现实中艰难地付诸实现的过程，这个过程需要科学、严谨、坚韧不拔的精神和理性的态度，这种理性不仅体现在对经济规律的尊重上，也体现在对美、对人、对自然、对历史文化的尊重上。这个过程需要清晰的理念、对秩序的追求和崇高的理想。

公共环境艺术（Public Environmental Art）已成为当代民主、文化和经济发达国家中提升城市公共空间的文化品位，体现公共精神及公共意志、利益的重要方式和途径。同时随着时代的进步，人们观念意识的变迁，人类对赖以生存的环境的认知和意识也将发生变化。

作为环境整体不可缺少的要素——公共环境设施，不仅作为公共环境重要的组成部分，成为人们户外活动的必要装置，还因其特性，增加了环境设计的内涵，改变着人们的生活方式，而日益深受关注。

许多城市都在面临着旧城改造的艰巨任务，除了保护原来的古建筑、古文物，让新的设计与原有的历史风貌相协调外，公共环境设计还要考虑人们生活方式的延续，考虑居民生活和交往的便利以及城市环境的保护。如法国就把曾因速度慢而废弃的有轨电车重新挖

图1–1　埃菲尔铁塔已成为巴黎城市的标志物，它突出的尺度和轮廓使人极易从远处判断方位

图1–2　金茂大厦是新上海形象的代表

掘出来服务于繁华的巴黎街头（图1—3）；我国大连市也一直保留着有轨电车，而且已成为这座美丽观光城市的一大特色。

图1—3　巴黎街头的有轨电车

一、公共环境设施的概念

随着中国城市建设逐渐步入理性阶段，不再以追求单纯的物质层面的完善为惟一目标，而更多地把注意力转移到城市文化环境上，公共环境艺术将成为城市形象建设的决定性因素之一。环境质量的提高，特别是生活环境向更加适用、更加美观改善的同时，公共环境设施完善已经提到日程上来。当然，无论发达国家、发展中国家和地区，公共环境设施必须伴随着城市建设而同步进行，满足人们生活的公共环境设施设计也就日益呈现出其重要性。它作为人类文化资产，在整个社会结构和环境设计范畴内已经占有一定的位置。

所谓“环境设施”，这一词汇产生于英国，英语为Street Furniture，直译为“街道的家具”，简略为SF。类似的词汇有城市装置（Urban Furniture）；在欧洲称为城市元素（Urban Element）；在日本解释为“步行者街道的家具”或者“道的装置”，也称“街具”。在我国还未正式确定统一的概念，可以使用“公共环境设施”一词，也有“城市公用摆设”或者“城市环境设施”的称谓。

近年来，随着我国经济的发展，人们的生活价值观念发生巨变，人们更加注重生存环境的质量。“城市环境”、“环境设施”已是经常谈及的词汇。从艺术学和文化史角度看，现代的环境设计已进入共享空间时代。现代环境设计强调人的主体性和环境的整体性。未来的设计将在更高的层次上重新达到人与环境的相互渗透，具有时代性、功能性、艺术性的公共环境设施的设计将以充分地体现人与自然的和谐为宗旨。

世界先进国家有关城市环境建设的新形式不断地出现，有关公共环境设施的思维方法、理论及实践不断地改变和提高。事实上，欧洲各国、美国及日本等国家公共环境设施大规模构筑已经完成，公共环境设施已经普及。日本业界在研究了世界各国优越的环境后，受其影响，设计了今天的城市公共环境设施。在城市街道广场、商业中心地区、地铁站、公园、游乐场等公共场所不断开发了各种公共环境设施，充实了日本社会环境的现代气息，体现了日本人的文明素质。而我国目前城市景观与环境设计则处于“温饱型”的阶段。伴随大规模的城市建设，公共环境设施设计作为城市空间重要设计元素越来越受到重视，公共环境设施也将更多地发挥其重要作用，展现城市的形象与文明。

过去，由于认识不足或者资金欠缺等原因，人们有时忽视了公共环境设施的重要性，而仅仅把公共环境设施作为城市必要设备来对待。实际上现代公共环境设施并非处于某种新的特殊的雏形阶段，它是人类从线性思维方式中解放出来，而以多维思维方式认识问题、理解问题的结果。现代公共环境设施是一个综合的、整体的、有机的概念。从人类环境的时空出发，通过系统的分析、处理，整体地把握人、环境、环境设施的关系，使公共环境设施构成最优化的"人类——环境系统"。这个系统将展现人类与环境的共生，人类与环境关系更新的高层次的平衡。正处于全面开发、经济发展的重要阶段的中国，在正确认识公共环境设施的重要性的同时，开始认真地把公共环境设施与建筑物一样列入城市规划和建设之中，以求确立城市的整体形象。公共环境设施带给人们更加舒适、方便的生活，也是城市风貌最有力的高度概括。

二、公共环境设施设计的意义

（一）公共环境设施与城市环境设计

公共环境设施日益成为城市环境不可缺少的整体化要素，是城市规划的重要组成部分。当公共环境设施与经济环境、社会环境及文化环境等城市环境因素紧密结合时，这种有效环境才有可能表现城市的性格与气质，映射城市的景观特征。

现今，现代城市的规划和建设日益重视环境的整体设计，公共环境设施设计也已由单体性设计转向与自然、环境、建筑的统一整体性设计领域之中，这不仅体现了公共环境设施设计的实际作用，并且也有力地增强了城市规划设计的内涵。正是由于公共环境设施纳入到整体城市规划中，与其他环境实体（如建筑等）将为社会发展共同服务，并作为未来环境规划的依据和扩建的基础，因此，公共环境设施设计充实了城市环境的内容，具有一定的现实意义。

（二）公共环境设施与文化

文化（人类的文明）不仅影响人们创造理想的环境，而且在对环境的适应中影响着人们的行为，在人类社会漫长的发展进程中，人与周围环境发生紧密的联系，同时，环境对文化不断提出要求。公共环境设施所反映的是人、文化、环境的相互影响，相互作用的过程。如佛教文化产生了庙宇建筑，构筑了与此相适应的环境。中国古建筑环境设施的形态体现了对环境的尊重，体现了古代文明的发达程度。事实上，不同风格的公共环境设施，体现了不同时代、不同环境中的文化异同现象，文化这一因素以非常不同的方式引导物质环境，也包括了公共环境设施。公共环境设施不仅与文化相关，还与人类的社会、心理、历史、地理、哲学、建筑等多学科相联系。为此，在公共环境设施设计过程中，除了考虑文化这一因素外，应考察整个社会体系。物质的公共环境设施与文化及其他因素将合成一个整体，各自影响对方又深受对方影响（图 1–4 ～图 1–7）。

现代公共环境设施以整体性、科学性、功能性、艺术性、文化性的形象展示于现代城市环境之中。不仅为社会提供了其特殊的功能，也反映了该区域的社会文化和民族文化。随着经济迅速的发展，人们同时重视质的精神充实，对生活环境的关心越加迫切，必将促使创造出具有文化性的城市公共环境设施。

图1-4　五台山的石狮展示了不同时期东方文化交融的气息

图1-5　严谨、写实的雕刻与实用功能的结合

图1-6　龙泉寺的汉白玉石牌坊雕刻精美神韵罕见

图1-7　西式传统广场是人们户外主要的活动场所

（三）公共环境设施的视觉形象化作用

公共环境设施和建筑环境共同构成了城市的形象，因而公共环境设施对于城市景观的构筑是必不可少的。它反映了一个城市特有的景观和面貌、特征，表现了城市的气质和风格，显示出该城市的经济实力、商业的繁荣、技术的发达，同时体现了市民的文明与进取精神风尚。

据西方学者统计，一个人在城市街道上可以获得2000多个以上如广告、商品上的说明、街区的指示牌、媒体的信息等，这些信息的集合构成了城市的象征。另据科学测定，外部环境80%的信息是通过视觉来感知的，而公共环境设施以其一定的形态、色彩、尺度、肌理及与人们生活的密切关系已成为人们所接受的视觉形象。这种特有形象以各种手法（如夸张、象征等）作用于人们的心理，成为人们的审美对象，具有强烈的审美价值。随着社会的发展，生活方式、思维方式、交往方式及意识形态等不断发生变化，现代人们期望现代物质文明的同时，也渴求精神文明的滋养。公共环境设施在高度文明的社会环境创造中，发挥了日益重要作用，给人们留下深刻的印象和美好的回忆，这是公共环境设施给予人们精神作用的良好结果。

（四）公共环境设施以人为本原则

对于城市功能系统、公共环境信息传播、公共环境设施等关系的联系及与人的关系的探索研究，寻求运用艺术手段介入，有效服务于人的途径，从而达到提高生活质量，提升环境品质，增润文化氛围，深化场所与人的亲和力，柔化、淡化高大构筑物给人类带来的负面影响，使人、设施、环境、自然、社会趋于高度和谐；同时避免千城一面、城市和景观缺乏个性和历史、文化特色的弊端。成功经验的取得和建构、实际操作规则的进一步完善，对中小城镇的建设管理也具有普遍的指导意义。

公共环境设施可以充分地体现设计的核心——关注人的设计（宜人设计）理念。产业革命之后，从崇尚、追求、依附技术的高速发展，到今天倡导以人为本、可持续发展的宏伟世纪战略，都是人类对自身价值和地位的重新认识与评估。满足人类聚居生活及方式，并创造这种发展需求的可能性，强调把尊重人、爱护人的宗旨与理念体现在公共环境设施设计创造活动中，不但是公共环境设计事业的终极目标，而且也是人类社会进步的原动力。

三、中外公共环境设施之比较

作为人们日常生活需要的环境设施，远在古代既已出现。如中国古代的石牌坊、牌楼、石狮子、拴马拉、灯笼、抱鼓石及水井等。在张择端著名的长卷作品《清明上河图》中，描绘了北宋时期京都汴梁的街面繁华，展现了街道中店铺各种招牌、门头、商店幌子等。日本在江户时期，街道就设置了水井，成了当时的环境设施之一；街道设置了道标，成了人们重要的信息媒体。据考古学家在庞贝城（公元前 400 年～公元 79 年）遗址处曾发现古罗马时期的城堡，共有 7 座城门，西南角为中心广场，设有公众讲演台、祭祀堂、妓院、公共浴池等。城堡园林用墙包围，园内建置藤萝架、凉亭，沿墙设坐凳等。以水渠、草地、花坛、花池、雕塑为主体而对称的布置格局，形成了以环境设施为主体的深邃幽雅的景观环境（图 1-8）。17 世纪的法国，受意大利风格影响在以凡尔赛宫为中心的林荫大道，以对称均衡的几何格式配置无数的水池、喷泉、雕塑及绿篱，并把植物整形为各种动物形象及几何体，极大地影响了 18 世纪的欧洲及世界各国。可见，古代无论东西方各国文化、地域不尽相同，但一系列的装置已经明确了城市环境设施的作用，发挥了其应有的机能（图 1-9）。

图1-8　罗马萨杜努神庙遗迹

随着东西方文化的交流，中外环境设施的设计观念在不断地被丰富、发展和完善。以圆明园为代表的中国园林艺术被介绍到欧洲，英国皇家建筑师以“中国式”的手法设计英国的庄园，并风行于欧洲，出现了一种对中国古典园林认同的倾向。而东方各国的城市环境设施也改变了原来的姿态，玻璃路灯、道路绿化、邮筒、公用电话等相继作为公共环境设施而出现。特别是汽车的出现，人们逐渐失去了以街道作为步行者的空间，传统的地缘的街道的共同生活地域体系已逐渐消失。中国的城市建设，从清末开始即向现代转化，无论建筑材料、结构、形式等均逐渐改变着千年的传统，尤以上海、天津、广州等租界城市更为突出。中国近代的城市设施和建筑小品深受西方建筑思潮的影响。新的文明产生了新的地域社会，也导致了新的环境设施的出现（图 1-10 ～图 1-12）。今天耸立的现代化高楼，广场和公园的公共空间的开放，商业街、大型购物超市等的出现，构成新的城市环境模式，更为有力地推动了公共环境设施的结构改革。

图1-9　凡尔赛宫整齐的绿景

图1-10　具有象征、烘托作用的华表

图1-11　中国古代计时器具——日晷

图1-12　具有象征、界定作用的石牌坊

图1−13

图1−14

图1−15

图1−16

图1−17

图1−13～图1−17　中外园林景观参照

图1−18

图1−19

图1−20

图1−18～图1−20　山西天龙寺的装饰雕刻

东西方在哲学思想、思维方式及生活环境等方面的差异，造就了东西方在公共环境设施设计理念与实用价值观上的迥异，从而推动了公共环境设施的不断演化。

传统中国以农业为本，人和自然和睦相处，祖祖辈辈对自然界的认识是以一种自然崇拜的形式体现出来，逐渐形成了独特的思维方式，讲求人与自然的融洽、和谐，善以小见大，在景观中运用借景、透景、漏景的技法表达人与自然关系。崇尚模仿自然，注重营造景象和

图1—21

图1—22

图1—21、图1—22　德国的建筑上装饰雕刻

意境。从秦汉的皇家园林，到隋唐、宋元的山水园林，明清的皇家及私家园林，形成了犹如立体的山水画一般的别具风貌的园林模式。我们可以在许多成功的园林中发现山石已塑成麓坡、岩崖、峰峦、谷涧、洞隧、瀑布、矶滩等景象，看到营造出的诗情和画意。宋代商业发达，一些茶楼酒馆附设池馆园林以招徕顾客，成了公共环境空间，并出现了与其相对应的公共环境设施，假山、水池、竹林布列，亭榭建筑穿插。深受中国影响，日本园林结合本土的地理条件和文化传统，发展自成体系。如所谓“池泉筑山庭”的园林特点，基本上为天然山水的模拟。如中国的一池三山造园格局被演化成“枯山水”布局。而“茶道”由于环境安静便于沉思冥想，故造园设计偏重写意。以草坪铺地，地面仅设石径，散置几块山石并配置石灯和几株姿态虬曲的小树。

中国等东方国家重视主体，重视事物的辩证统一，重整体效果。在公共环境设施设计中重组群效果，追求整体统一，造成所谓星罗棋布之势。东方重物感，重直觉，重人的内心世界对于外界事物的感受。在设计中讲气势、重意境，讲究环境设施与群体的空间艺术感染力，方便人的生活为设计的准则，运用均衡、对称、统一变化等形式原则，讲究设施与环境的调和，与人类自身的适应，以及出于自然胜于自然的意境。

西方国家在处理人与自然的关系上，以征服自然、改造自然、战胜自然作为文明的进步体现。在环境设计中常以大尺度景观对视自然；重客体，重形式逻辑，重探索事物的内在规律性，讲求事物间的因果关系，并常以数学几何关系来分析。如平坦的草坪、笔直的林荫道、

图1—23　圣马力诺的建筑装饰雕刻

几何形的水池、比例讲究的抽象雕塑等，使人有强烈地秩序感；重模仿、重理性、重可观的写意性。在设计中讲求个体的造型，追求实体简单清晰而富于逻辑，坚持“实用、坚固、美观”的原则，严格遵循比例、均衡、韵律、对称等原则，着力于客观的写意法。也以园林为例，古埃及人的园林即以“绿洲”作为模拟对象，把几何的概念用于园林设计，水池和水渠的形状方整规则，建筑、树木亦按几何规矩加以安排，是世界上最早的规整式环境设计模式。巴黎凡尔赛宫的庭园几何风格，具有强烈的人工雕琢痕迹，大理石雕塑，林荫下设置坐椅，装饰性水景的环境，人们游历其间或散步、或闲谈。“文艺复兴”时期的意大利公共环境设施，由于当时其主要建筑物通常建于山坡地段的最高处，在建筑前开辟层层山地，分别配置坡坎、平台、花坛、水池、喷泉、雕塑及绿化；在水景的处理手法上丰富多样，于高处汇聚水源作贮水池，然后顺坡势往下引注成为水瀑、平濑或流水梯，在下层台地则利用水落差的压力作各种喷泉。这种做法对于18世纪的西方各国产生深远的影响。

20世纪初西方产生了抛弃传统的再现论和模仿论的抽象艺术，反映在景观（设施）设计上，开创了涉及内容决定涉及形式的功能主义设计理论与实践。景观设计逐渐抛弃了装饰图案和纹样，从现代艺术（绘画、雕塑）角度开拓景观的新形势、新语汇。用抽象绘画的构图方法来设计景观（设施），扩大了景观艺术的表现力。雕塑艺术的抽象化，雕塑从景观的装饰品、附属物发展成为对景观设计产生实质作用和影响的重要因素。

20世纪50年代末产生了后现代艺术，促进了艺术景观（设施）的融合和发展，使其在形式上密切联系，在观念上融合相通，在彼此的界限上变得模糊不清，呈现出艺术的景观化和景观的艺术化。巴西优秀的抽象画家马尔克斯将抽象绘画构图运用于植物组成的自由式庭院设计，将北欧、拉美和热带各地植物混合使用，通过对比、重复、疏密等设计手法，取得如抽象画一般的视觉效果（图1—24）。美国亚特兰大市里约购物中心是玛莎施瓦茨设计的最有影响的作品之一，其错位的构图，夸张的色彩，冰冷的材料，特别是在庭院中布置的300个镀金青蛙点阵，创造出奇特和怪异的视觉效果。这一典型的波普艺术风格和手法的设计，使人感到醒目、新奇、滑稽和幽默（图1—25）。

图1—24

图1—25

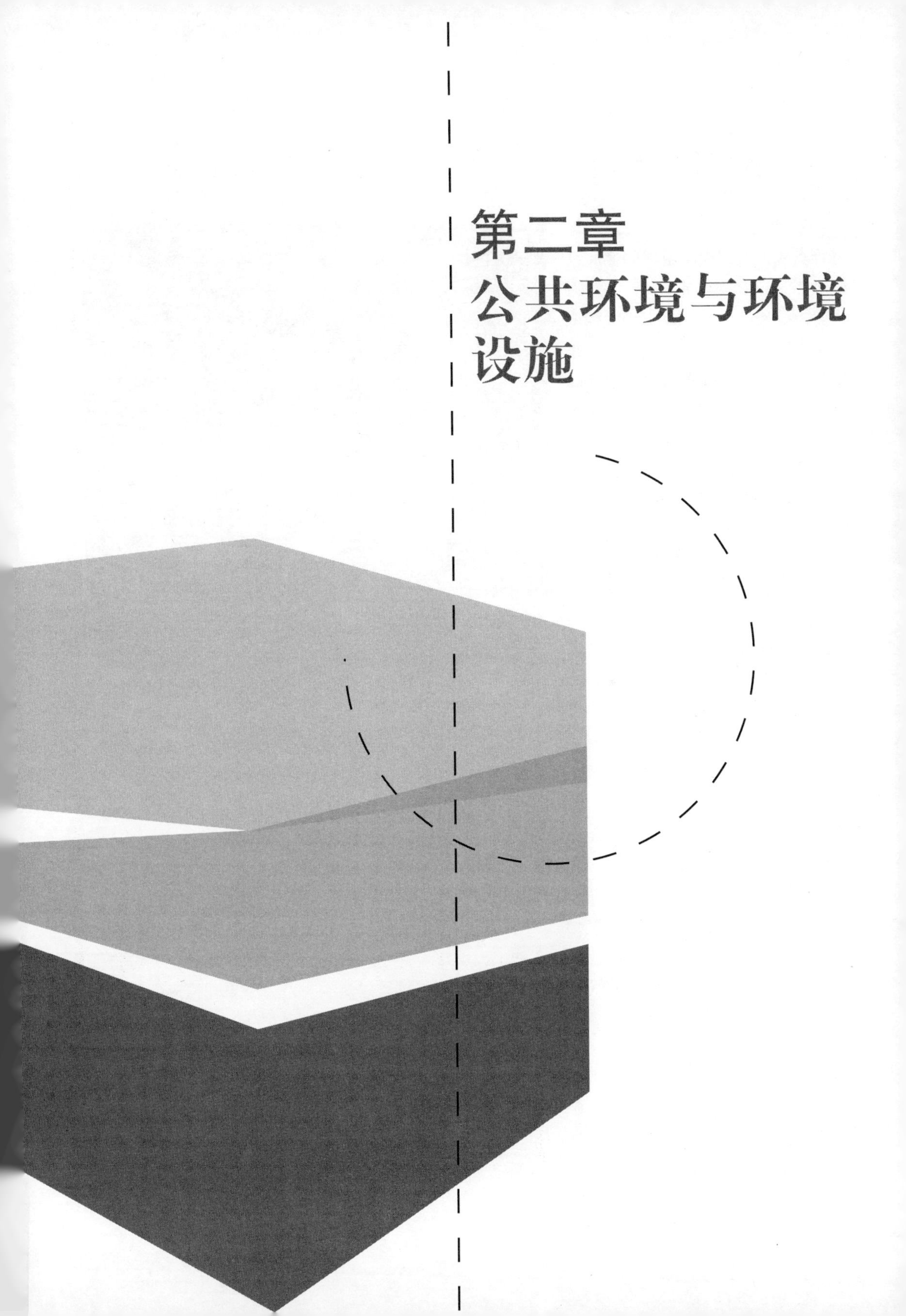

第二章 公共环境与环境设施

一、公共环境空间解析

（一）何谓城市空间

所谓“城市空间”，可以理解为所有建筑外部空间组成的空间系统，如建筑物、城市广场、道路、公园、绿地、水体、标志物等构成了城市空间的主体，见图 2-1。正如克里尔（R.Krier）在其《城市空间》一书中所描述：“包括城市内和其他场所各建筑物之间所有的空间形式。这种空间常依不同的高低层次，几何地联系在一起，它仅仅在几何特征和审美质量方面具有清晰的可辨性，从而导致人们自觉地去领会这个外部空间即所谓城市空间。”

图2-1　高楼林立的城市空间形态

从环境研究领域而论，“空间”即被三维物体所围合的区域，包括内空间、外空间。内部空间为避风躲雨，阻隔外部环境的有效环境；外部空间为开阔的场所，它包括了公共场所、半公共场所或私人范围内可互相往来、自由性较强的空间，即露天。甚至有一些学者指出，开放空间即是指城市公共空间。良好的城市空间环境涉及空间的尺度、空间的围合与开敞、与自然的有机联系等。依附于城市空间环境而产生了各种环境设施，环境设施也丰富并充实了城市空间的内容，环境设施通过与空间环境的相互穿插、延伸、交错、变换，为人们在空间环境中提供了更加便利、舒适的功能与精神帮助。

（二）城市空间设计

凯文·林奇认为：“城市设计师专门研究城市环境的可能形式。”而格瑞德·克瑞恩（Gerald Crane）在《城市设计的实践》一书中也指出：“城市设计就是研究城市组织结构中各主要要素相互关系的那一级设计，在实践上，城市设计不能与建筑设计、风景建筑和城市规划截然分开，从成果上看，最好将它作为建筑设计和风景建筑的一部分来看，程序上则可作为后者的一部分。”

城市设计是由城市规划和建筑设计交叉而衍生出的一门学科，美国学者哈米德·胥瓦尼（Hamid shirvani）在《都市设计程序》一书中列举了城市设计的八种要素，即“土地使用、建筑形式和体量、交通与停车、开放空间、人行步道、公众活动、标志、保护和维护。”

城市设计着重研究城市整体的空间形态、城市的景观体系、城市公共的人文活动系统、

图2–2 纽约的天际线是城市空间形态具有可识别性的代表

确定城市的总体轮廓和各系统环境的设计框架，见图 2–2。城市设计从宏观上看，具有城市的整体性、区域性和机能性；而微观的因素，环境设施是人们在环境中所能感知的实体，有着具体性。特别是现代化城市设施，具有专门化、空间化、高效率和经济性优先的特点。在现代城市中，人与人之间的交流越来越多，要求城市提供更多的公共活动场所，包括室外公共空间和室内。随着城市步行系统的发展，半室内（有顶）步行街应运而生，在一些气候寒冷地区，这种室内公共空间为城市空间增加了新的内容。

总之，城市设计的主体是空间环境设计。一般认为，城市设计主要考虑建筑周围或建筑之间的空间，并考虑由绿地、地形所限定的三维空间。从一定意义上，将大部分城市公共空间环境分为“线空间”和“点空间”两种类型的空间构成。“线空间”包括一系列穿越城市环境的人流或车流的路线网，如街道、人行道、坡道、小巷、台阶等，引导人们行动，提供车辆流通的方便，有助于人们在行动中确定方向和寻觅道路。“点空间”是指“线”上供车辆和人们停留的一些节点，如道路交会处、广场、绿地、休息场所、停车场、公共汽车站等等。“线空间”和“点空间”在环境中是相辅相成的，是相互融合共同作用的，但在不同的环境中有不同的构成。如在以道路为主体的空间环境中，以路面、人行天桥、路标、交通信号、绿化等设施为主体，组成以“线”为主的环境系统，但在“线”上应结合需要设置具有连续性的“点”，如休息系统的公共座椅、凉亭；卫生系统的公共厕所、垃圾箱、烟灰缸；服务信息系统的公用电话亭、售货亭等。因此从某种意义而言，环境设施设计就是从事“线”、“点”空间设施设计的一项有意义的工作。

（三）城市空间环境的构成要素

城市空间是由人创造的，使人类活动更有意义的外部空间环境，在一定的范围内创造出满足于人们意图和功能的积极空间。城市空间环境的范畴十分宽泛，从景观意义上而言，是由建筑环境、街区环境、交通环境、广场环境、居住环境、设施设备等组成。其中城市广场、街道、绿化系统是构成城市空间环境的主要要素，也是城市空间设计的主题。

1．广场

城市广场的建设在一定程度上满足了城市功能的需要，对改变市民的生活行为模式，对城市今后的发展产生深远的影响。日本建筑学家芦原义信从空间构成的角度对广场作了定义，在《街道的美学》一书中他认为：广场是强调城市中由各类建筑围成的城市空间。一个名副其实的广场，在空间构成上应具备以下四个条件：

第一，广场的边界线清楚，能成为“图形”。此边界最好是建筑的外墙，而非单纯遮挡视线的围墙；

第二，具有良好的封闭空间的“阴角”，容易构成“图形”；

第三，铺设地面直到广场边界，空间领域明确，容易构成图形；

第四，四周建筑具有某种统一和协调，D（宽）：H（高）有良好的比例。

城市广场的主要功能是为人们生活提供一个共享空间，给人们生活带来生机，增强社会生活的情趣，为人们提供展开公共生活的场所，使人们在这“大居室”中意识到社会的存在，同时显示自身在社会中的存在价值。城市广场作为交通枢纽，是人、车活动的场所，连接并调整街道的轴线，增加了城市空间的深度和层次，并为创造环境美奠定了基础。广场是建筑物之间联系的纽带，使建筑形成了整体。

城市广场的类型可从下述两个方面进行划分。

（1）从广场的使用功能性质上可区分为：交通广场、休闲广场、市政广场、纪念广场、商业广场。

1）交通广场

主要功能是合理组织交通，对车辆进出方向作相应的规划和限制，以保证车辆和行人互不干扰，满足畅通无阻、便捷顺达的要求。组织、安排和设置公共交通停车站、汽车停车场，步行区域可与城市步行系统搭接，停车地带和行人停留的区域之间或以高差或用绿化予以分隔，设置必要的公共设施和铺设硬质场地。交通广场又有干道交叉点的交通广场和站前集散广场之分。

2）休闲广场

一般规格不大，可以位于市中心，也可能出现在街头转角或居住小区内。其主要功能是供人们休憩、游玩、演出及举行各种娱乐活动，见图2–3。休闲广场形式布局应力求灵活多样，因地制宜；从空间形态到公共设施设备，要做到既符合人的行为活动规律及人体尺度，又要以轻松、惬意、悠闲和随意的特色吸引公众的使用参与。

图2–3　在交通节点的休闲广场有时成为健身和演艺的场所

3）市政广场

大多位于城市行政中心区域，具有良好的交通便捷性和流通性，通向广场的主干道多具备相应宽度和道路级别，以满足大量密集人群的聚集和疏通。广场上的主体建筑物是室内的集会空间，常成为广场空间序列的对景，建筑物多呈对称状布置，整体气氛偏向于稳重和庄严。

4）纪念广场

用于缅怀历史事件、历史人物的广场，常以纪念雕塑、纪念碑或纪念性建筑作为标志物，位于广场中心或主要方位。

5）商业广场

大多位于城市的商业中心区域，以步行环境为主要特色。商业活动相对比较集中。其布局形态、空间特征、环境质量和文脉特色应成为人们对城市最重要的意象之一，充分体悟到城市最具特色和活力的生活模式。

(2) 从形态上区分有封闭式广场和开放式广场。封闭式广场和开放式广场的基本形态来源于方、圆和三角形，因受到变化、组合、添加、减弱、重叠、混合等变化而派生出不同的形式。从平面上可划分为规则和不规则两种；从空间上可划分为平面型和空间立体型两种，而空间立体型广场又可有上升式广场（又称平台式广场）和下沉式广场（又称盆地式广场，见图 2-4）之别。

虽然广场的性质不同，但均形成了独特的空间环境特点，即形体环境和社会环境。形体环境包括建筑、道路、绿地、树木绿化及环境设施等所组合的物质环境；社会环境包括各类社会生活活动所构成的环境。据此特点，广场环境设施的基本要求是：有总体绿化，绿化面积不低于总面积的 1/3；设置 50% 的休息椅可移动（还可通过广场的花池、挡土墙、台阶等设施兼作休息之用）；铺砌石板、石块、面砖、混凝土等镶嵌拼组图案，来增强广场空间的表现力和艺术性；建筑的小品雕塑、水体等表达了广场的活力；设置公共厕所及卫生器具方便了人们的活动行为，也保证了环境的卫生。现在世界各大城市中的广场隅角处设置饮茶室、咖啡屋等供人们休息的场所，配以茂盛的绿化种植，使广场充满了温馨、轻松的气氛。只有各个方面达到较均衡的发展，广场的公共性才能得到完美体现。

2. 街道

街道一般要具备三个方面的功能，即交通功能、环境生态功能和景观形象功能。三者的前后秩序和侧重需依据不同的街道特点而定。一般情况下，首先要满足街道道路的交通功能，其次，结合道路两侧及周边地带的环境绿化和水土养护发挥环境生态作用，在此基础上，实现景观形象功能，即创造出优美宜人的景观形象。

图2-4　新宿三井大厦前的下沉式广场

街道比广场更具有切实的功

能特征。复杂的街道布局，形成了众多的、丰富的空间关系，是城市各地互相沟通的通道，与水系构筑了城市的纹理。街道作为公用的流动或散步的场所，它表现了人的动线和物的活动量等，具有特殊的物理形态。

近年来由于汽车的飞速增长，造成了人、车的矛盾，生活街道变得毫无生活气息，失去了应有的魅力。为了构筑生活街道，协调以汽车交通为主的道路和以步行为主的街道关系，可采用以下道路形式。

(1) 人、车分流的道路体系

在欧、美等地通用，特别在城市中心处、地铁站前和商业繁华地区，常以此方式处理步、车分离，见图2-5、图2-6。由于车速较快，设置车速限制标志、方向标志等更为重要。立体分离法，分上下层空间，上层为步行者专用道路，下层为汽车道。或者分为高架步行空间和地下步行空间。高架步行空间有高于车道的“人造台基”、跨越通道的“高架通行栈桥”等；地下步行空间有仅供跨越交通通道的人行地道和繁华商业地段的地下商行街。

(2) 步、车平交道路体系

以汽车道路和步行者道路价值相同的原则为基础，尽可能不加宽汽车道路，而拓宽步行者道路，增加步行者的活动空间。大量的环境设施，如公共电话、垃圾箱、休息椅等应充分设置。

(3) 步、车共存的道路体系

上述的步、车平交道路会出现一些弊端，人们经常不按照规划所规定的模式活动，经常习惯性地把住宅周围的街道，作为自己“家”的领域来考虑，行动直接介入汽车道路，易出交通事故。为解决这些问题，可采用步、车共存的道路体系。其一是，在一定的限制下允许汽车通行，但对步行者给予优先权，以达到既分又合的折中目的。对车辆限制采取包括速度限定、时间限定、通行方向限定、路线限定等多种方式。二是，对汽车没有严格限制，但为了保证行人安全和活动的自由度，同时又要解决交通运输，必须对道路设置采取有效的措施。比如采取分离状，即将人、车行道设在不同高差的地面上，以划分各自领域；或用限定度较高的隔离墩、隔离绿带、界桩、栏杆加以限定。实施这种步车共存的道路体系较为完善的是

图2-5 人车分流交通体系内的步行道

图2-6 涩谷商业区的人车分流体系一角

荷兰，荷兰是欧洲自行车普及率最高的国家，其经验值得我国借鉴。具体方法：把直线道改为弯曲的蛇行状道路，并配置大型花坛和绿化护台、驼峰、车挡等止路障碍，大大丰富了街道的空间层次，步移景异。一方面限制了汽车的通行路线和车速，另一方面美化了环境，使环境更加亲切、优美、富于魅力，成为名副其实的生活庭园，做到了“人的回复”，恢复了街道空间的生活机能。这种蛇行道路具有“线状十公园”的造型情趣，以步行和自行车为主，强调了人的价值观。在这类环境中可精心设置座椅、街灯、铺地、喷水等环境设施。日本在20世纪80年代初迅速推广这类道路，反映了这种“共存”体系的生命力。

(4) 汽车道路优先的体系

这种体系使步行者道路、自行车道路等非机动车道路分置于汽车道路的两侧。虽人行道并不宽，但确保安全。其指导思想完全是传统式的，人处于汽车控制之下，这无论从人的心理上和环境价值观的取向而论，都是不宜提倡的道路体系。虽目前在我国等发展中国家普遍使用，但随着社会的发展，这一体系道路将随之减少。

以上所述，虽然街道形式的设计各有不同，但都应根据地域的特点和交通体系而定，并按其空间设置与其相适应的环境设施，使道路充满浓郁的生活气息。

3. 街道与广场交会形式

街道与广场的交会形式（图2-7）有：

(1) 一条街道与广场交会，从每一个方向，以街道的中心地与广场成垂直状。

(2) 两条街道与广场交会，街道偏离广场中心，与广场垂直交会。

(3) 三条街道与广场交会，广场的角隅处，与广场垂直交会。

(4) 四条街道与广场交会，街道从任何角度、任何场所与广场交会。

街道空间的界面，可以理解成两侧的建筑立面和地面。好的街道环境设计应具有连续而统一的界面。这种连续性和统一性体现在街道两侧建筑的高度、立面、尺度、比例、色彩、材质等。比如街道两侧空间的高度和宽度的比值的不同，对空间形态和人们的心理都有很大的影响。不同性质的街道，其界面具有不同的特征。如果这种特征沿着路面不断有规律、有节奏地出现，则街道空间就将以连续统一的构成使

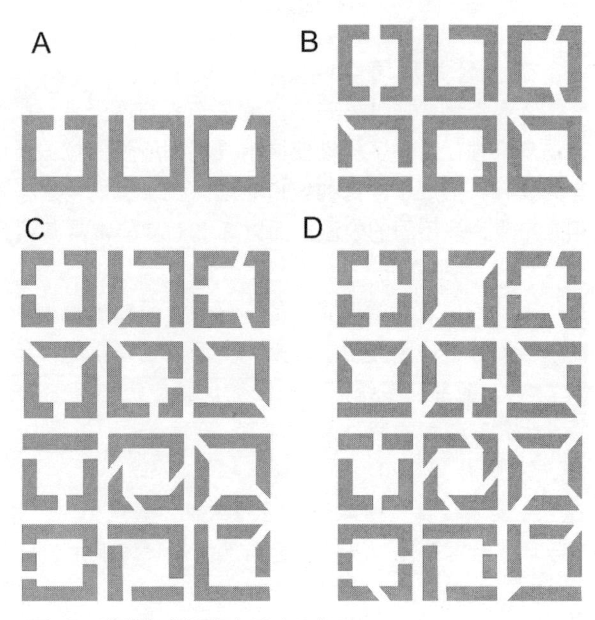

图2-7　道路与广场交会形式示意图

人难忘。巴黎香榭丽舍大街数百年来对街道宽度、两侧建筑的尺度、立面形式等进行不断完善，一个多世纪以来以连续统一的界面、赏心悦目的景观吸引着四方游客。北京西单文化广场（图2-8、图 2-9），在广场的平面设计中，设计师分析了广场中休闲和娱乐的滞留人流和通过人流，把广场划分为动与静两部分。在广场的西南角布置以绿化和铺装甬路组成的通过广场，其余部分以下沉的中心广场为核心，连接周围的铺地、台阶、平台，供休闲和交往。

图2-8　北京西单文化广场夜景

图2-9　北京西单文化广场公共雕塑

二、公共环境空间类型

人是空间的主体，是空间的创造者与感受者。生活方式的多样性同时构成了城市空间形态的多样性，这种多样性使城市景观因所处的位置不同、其功能不同，产生了不同的空间形态的变异，形成了丰富的城市肌理。在市民的需求条件下和社会活动中，城市空间的特性会相应产生许多不同的内涵，而以环境而言，常常归结为以下六类。

（一）商业空间

商业空间在组合形式上的多样性，常对大规模的商家兴起、活动人群的数量变化、新的需求等因素起决定作用。近来，大型购物场所的兴起，逐渐有取代具有商业空间的趋势，见图 2-10，而部分传统商业空间在保留交流与互动的优势基础上，挖掘传统文化深蕴，保持特性也具有较强的竞争力。

（二）休憩空间

主要以视觉、精神与体能的休息、娱乐为主，如博物馆、美术馆、图书馆、健身中心、游乐场、社区公园以及以结合自然生态环境保护为目的，经过人工改造开发的主题公园等。

（三）交通空间

随着城市的扩张与人们活动范围的扩大，交通运输扮演越来越重要的角色，运输的形式、车站、停车场所的关系是环境的一大课题。

（四）街道空间

城市给予外界的印象，有很大部分来自于街道，如何将行道树、路灯、标志、人行道等街道设施的各个元素有机地整合，植入地域特性，创造舒适与优美的街道空间是设计者所共同的追求，见图 2–11。

（五）天然廊道空间

城市中的河、湖水系是城市中宝贵的天然资源，沿岸形成的天然廊道空间形态不仅丰富了城市空间形态，而且改善了城市的生态体系，见图 2–12。

图2–10　新型的商业空间形态

图2–11　街道空间形态

图2–12　沿河成为天然廊道空间形态　布鲁克林的希望公园

（六）建筑负空间形态

建筑轮廓线以外的部分统称为建筑的负空间，是城市中数量最大的空间形态。并与街道空间形态、广场空间形态相互交叉、融合。

三、公共环境设施设置因素

环境设施因功能需求而产生，依其特性虽处于不同的地域环境而形态相异，但也不可排除其“公共性”意义。设施设置应从自然环境、空间位置、功能使用、维修管理等方面考虑。

（一）自然环境

我国地域辽阔，地区环境、气候差异大，合适的公共设施的材料与结构的选择成为适应地域特性的必要条件。

（二）空间位置

数量有限的设施在广阔的空间区域中进行整体规划，并予以最佳的设置定位，获得理想的地点。故地点的选择应以适宜空间行为为准则，力求满足不同活动的需求，避免例行公事的设置造成资源的虚掷浪费。

（三）功能使用

人们使用的行为常表现为不可预测和控制，同一设计的设施可能有不同的使用行为产生，如在一条长椅上可以坐、可以躺，甚至可能成为儿童嬉游的场所；咪表、灯柱、指示牌可能成为锁助力车的临时柱子，见图2–13。因而公共设施的公众性及人类行为习惯的多元特性，是设计者必须予以仔细评估和充分考虑的。

（四）维修管理

良好的维修管理工作并非只是事后的补救措施，它包括零部件的简化、标准化、材料配件的便利、组合方式的合理与运送更换的快捷等诸多环节。惟有如此维修成本才能大幅降低，才能为公众所接受。

图2–13　锁有助力车的交通指示牌

四、公共环境设施与场所论

前面就环境设施存在的公共空间进行了简略介绍，事实上设计公共环境设施必然要对场所理论及概念进行研究。"场所"的有关理论也是西方建筑理论界的热门话题之一。所谓场所是指包含了物质因素与人文因素的生活环境。场所是一个可大可小的概念，只有当物质的实体和空间表达了特定的文化、历史、人的活动并使之充满活力时才称为场所。

场所空间的特点，如尺度、围合关系等决定了环境设施的大小、种类、数量、形式等因素。

（一）场所空间的尺度

场所大到城市广场、街区、公园等，小到校园一隅、街道一角。场所空间的尺度对人及环境设施的影响直接反映在人们的生理及心理方面，产生各种心理感受导致人们采用不同的活动方式，从而对环境设施的数量、设置形式、体量大小产生影响。

（二）场所空间的序列性

一些如道路、小巷、庭院等小空间是场所的延伸，与场所共同构成整体，存在着空间序列变化，使得公共环境设施针对不同性质的空间重新整合与改变，场所设计呈现出多种复合功能、空间多种层次的趋势。

在环境设施设计中必须考虑整体环境各种要素的相互影响。研究场所理论的最终目的是了解现代城市场所空间的发展方向，场所中人们的活动规律，通过对其分析正确解决人–机（环境设施）–环境之间的关系。

五、公共环境设施设计与人机系统

无论在任何空间环境中，人总是要以某种方式与之发生联系，形成不可分割的人机系统。进行公共环境设施设计必须研究环境设施与人的生活习惯、活动行为、文化习俗等，更需系统地研究生理学、心理学科。在“以人为本”的观念下，宜人性设计更显重要。宜人性设计应体现使公共环境设施为人们自然、舒适、高效、安全地使用，向使用者提供容易理解的信息，使公共环境设施更科学、更健康，更加与人的行为、空间环境相协调，成为人们在公共环境生活的好助手等设计理念。人机工程学学科的出现，系统地研究人、环境设施、环境空间之间的关系，见图 2–14，一般包括以下方面。

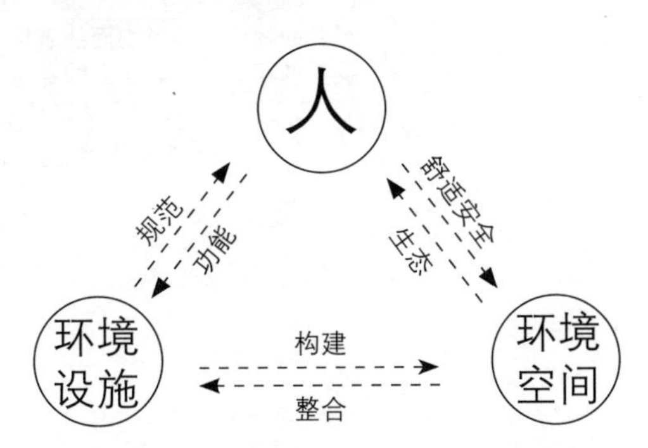

图2–14　人、环境设施、环境空间之间的关系图

（一）公共环境空间与人的行为

公共环境空间只是一种功能的载体，人是环境空间的主体，也是环境空间的欣赏主体。在环境空间设计上必须考虑人能看到，能直接与之接触，使环境空间根据人们的特点、理解力、喜好、人与环境的时空距离、需求的耦合程度等因素设计，使环境空间符合人的尺度，使人感觉亲切无障碍。

人在公共环境的各个场所空间中的行为表现具有不定性与随意性，既有一定的规律可寻，又有较大的偶发性。因而研究公共环境的场所空间与人的行为特征，是公共环境设施设计的前提。

（二）人的心理活动与行为活动

公共环境设施设计与环境心理学有着密切的关联，人的心理活动与行为活动是环境心理学的研究范畴。心理活动是指人们对环境的认知与理解，行为活动是指人们在环境中的动作行为。

人对环境的需求包含物质的和精神的两个层面，其一即环境条件的便利，设备的齐全，使公共环境设施发挥其功能；其二即构成公共环境设施的造型、色彩、材料、位置、肌理等等，蕴含着人对环境的知觉与情感的信息，使人产生精神的愉悦与满足。人在环境中的行为通过生理体验、心理体验、社会公众体验达到实现自我体验，产生成就感及归属感。譬如发生翻越护栏的现象，是违反交通法规的行为，极易造成交通事故及人身伤害。但从环境空间设计上考虑，是否存在缺少地下通道、过街天桥，是否存在护栏设置过长等缺陷。所以应通过对公共环境中人的心理活动与行为活动研究，找出最佳公共环境设施设计方案，使公共环境设施与人们心理反应产生共鸣，达到对环境的认同，见表2-1。

人在场所中行为与距离的关系 **表 2-1**

距离（m）	行 为 特 征
0～0.45	亲密的距离，可接触，感受对方视觉、气味、体温
0.45～2.40	个人的距离，可促膝交流，可接触、看清对方的表情
2.40～3.60	社会的距离，业务、礼节性交往
12.0以内	公共的距离，可区别面部表情
24.0	视觉的距离，可分辨人的身份
150.0	感觉的距离，可辨别身体的姿态
1200.0	可见人的最大距离

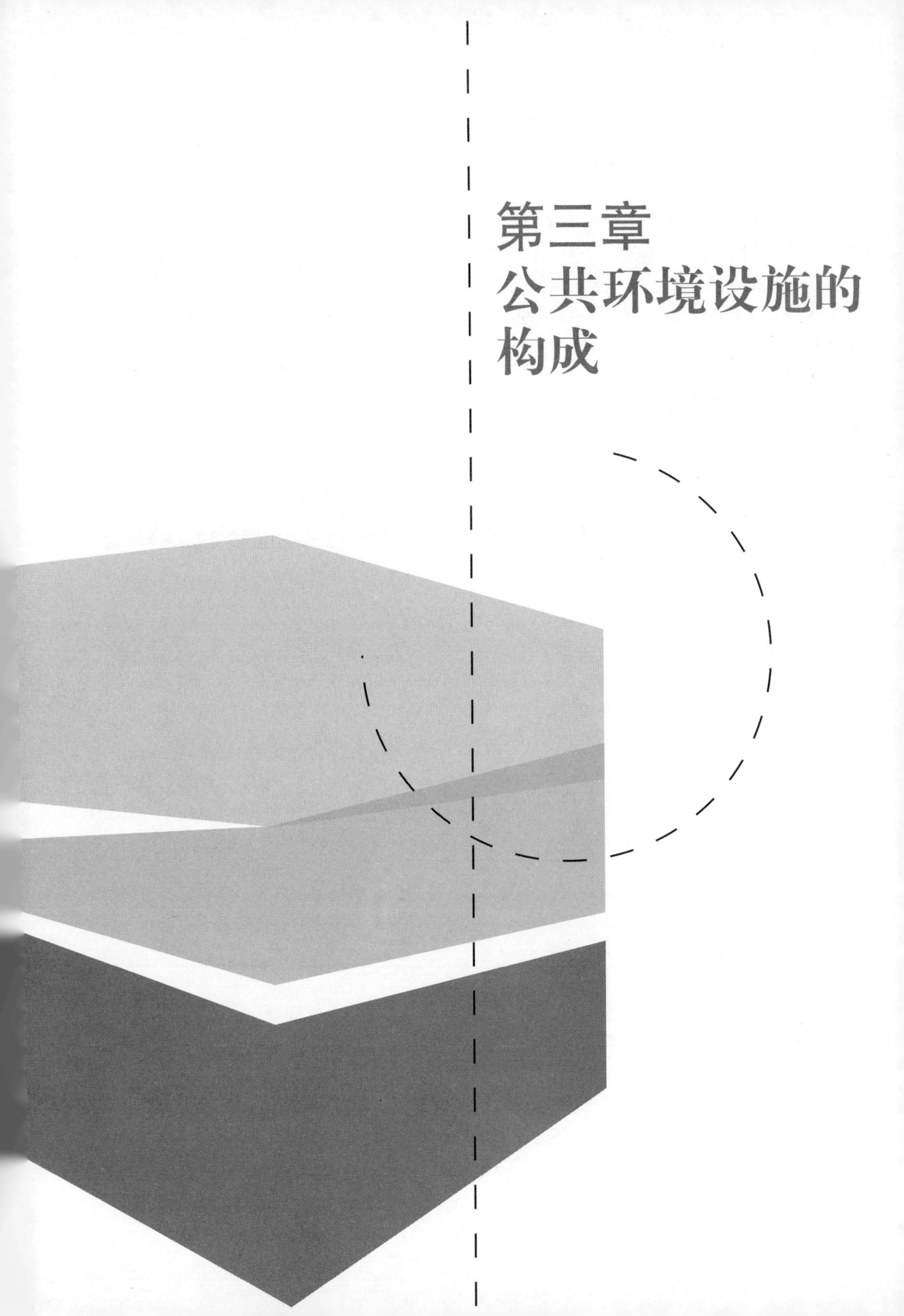

第三章 公共环境设施的构成

一、公共环境设施的构成

（一）形态构成

公共环境设施是一个由三向矢量围构的网络体。它大到城市道路、桥梁、塔，小到标识牌、烟灰缸等。其形态构成是设施外形与内在结构显示出来的综合特征，表现在内涵、关系和形象三个方面，见图3–1。下面就这三重关系分别加以简述。

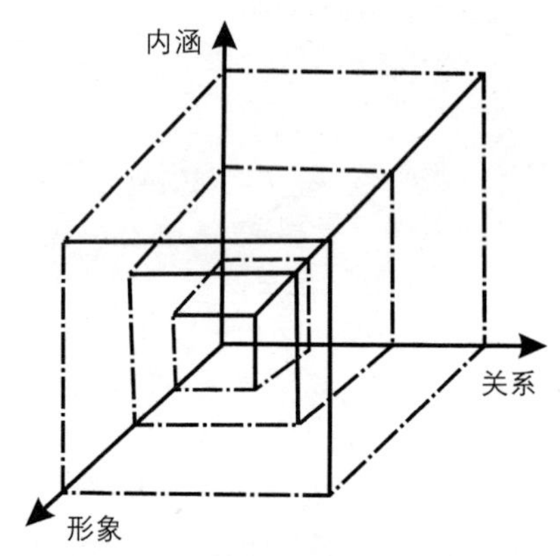

图3–1　公共环境设施网络构成关系示意图

1. 内涵

是环境设施的性质和文化价值观的内在取向，需经人的思考和体味才能感悟的深层内容。是环境设施的附属功能、细部以及诸多方面的综合体现，包括因时、因地、使用者和设计者之异而表现出的个性；社会性质及相关历史、文化、民俗、经济、政治等内在涵义；设施所凝聚的美学意义和设计理念。

2. 关系

环境设施造型、组群及其他环境要素的结合方式。

3. 形象

是环境设施的外构与内涵通过形象表露出的特征，予以人的第一视觉效果。通常是以单体为基本单位，包括：环境设施通过材料、尺度、平面和空间的布置等，给人直观的视觉印象；环境设施的安全性、舒适性和耐久性；设施内外空间的流动和渗透。

（二）功能构成

公共环境设施的功能构成包括四项：基本功用、环境意象、装饰性和复合性，它们彼此区别、相互结合。

1. 基本功用

存在于设施自身，直接向人们提供使用便捷、防护安全及情报信息等服务。它是设施的外在显现，是环境设施外在的第一功能。比如城市路灯的主要用途是在夜间照明道路，以保证车辆行人安全通过。

2. 环境意象

环境设施通过其形态、数量、空间布置方式等对环境予以补充和强化。再以路灯为例，它们本身就是必须通过组合共同发挥作用的元件设施，以行列或组群的形式出现，对车辆和行人的交通空间进行分划，对运行方向起引导作用。环境设施的这些功能是第二位的，它们往往通过自身的形态构成加之与特定的场所环境的相互作用而强化出来，见图3–2、图3–3。

3. 装饰性

环境设施以其形态构成特性对环境所起到的烘托和美化作用。例如材质处理、色彩选用及细部的修饰等皆属于装饰。它包括单纯的艺术处理，有针对地与环境特点的呼应和对环境氛围的渲染。护柱和路灯在批量生产中尽管可以做到材料精致、尺度适中，但是放到某一特定的街区，它们还需具有反映这一环境特点或设施系统的个性。一般来说装饰是环境设施的第三功能，然而对某些以街道景观或独立观赏为主要目的的环境设施则又是首要考虑的。

4. 复合性

指环境设施主要功能之外，同时将几种功用集于一身的使用功能。例如在路灯柱上悬挂指路牌、信号灯等，或者路灯本身就含有路标，兼具指示引导功能；甚至在特定的场合，可把阻隔装置、护柱装备、照明灯具并做成石凳、石墩状，具有休息坐具功能；或者放置几块美化环境的怪石用作护柱，从而使单纯的设施功能增加了复杂的意味，对环境起到净化和突出作用。如图 3–4 所示，街灯又具有分隔空间的功能。

公共环境设施的以上四种功能的顺序常常因物因地而异，公共环境设施无论在内容和形式上都处于不断的更新与变异、产生与消亡之中。

二、环境设施与构成要素的关系

城市公共环境设施的本质是为方便人们生活，提高城市功效，因此研究公共环境设施必须以城市环境为重要依据，必须明晰环境设施与构成要素的关系、环境设施的环境因素等。人们的生活是以交通、能源、通信等为主的各种技术为支撑的，这些技术以具体的形态出现就诞生了城市环境设施。城市环境设施形成的历史，也

图3–2　天津泰达会馆前的广场的路灯

图3–3　巴黎香榭丽舍大街的路灯

图3–4　街灯又具有分隔空间的功能，天津滨海新区

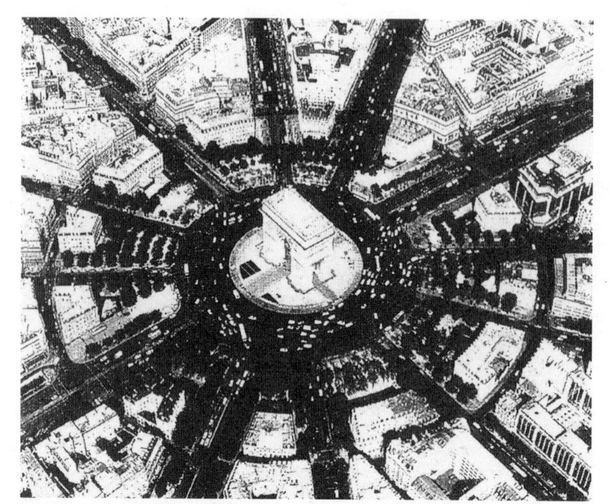

图3-5　巴黎的星形广场

是城市发展历史的一部分。公共设施和建筑设施组成了城市环境设施，也是城市环境设施的构成要素。

公共设施是以人的活动、活动的场所为主体而产生的设施，是以道路、公园、城市基础设施等按照土木工程而构筑的设施。建筑设施作为辅助人们的活动而开发的道具、装置和产品等，在实际使用上也会产生从公共设施到建筑环境设施的连续。

当代现代化的环境设施已经从机能空间设施转向精神空间设施。无论公共设施、建筑设施均有其共同的地域、文化等环境基础。我国古代环境设施，如城门的箭楼、钟鼓楼、塔寺城门等，一般为主要道路的起点；钟鼓楼位于主要干道的交叉口，而形成为城市中心的轴线；塔成为城市的标志；沿街、跨街而建的牌坊，水网地区高大的拱桥形成了变化生动的环境景观。由此也说明了环境设施与其构成要素所具有的关系。巴黎为欧洲古老的文明城市，其构成要素对城市文化的形成起了重要的作用。巴黎自19世纪中期开始大规模改造，使埃菲尔铁塔、凯旋门、艺术桥、地下铁道等城市主要设施与各种环境设施共存。林立的石造建筑物，作为新材料的铁和玻璃等体现了巴黎城市的风格，带来了新的设计方法。在塔、桥、地铁出入口处，街道的照明等已作为公共空间的重要文化要素进行设计。因此，环境设施和其构成要素具有两方面的关系，即以城市的构筑为背景（场所、空间的环境特征等）产生了新的环境设施的构成要素，导致了新的空间价值出现；新的环境设施构成要素的存在，标志了以信息化媒体为时代文化的环境特点，从而出现了众多的适应新时代的环境设施。现在，巴黎市环境设施不断提高其空间价值和信息价值，有力推动了环境形成的时间价值，在塞纳河畔和公园等场所，以自然和人工环境共存的设计观点构筑了巴黎的环境风格，见图3-5。

三、公共环境设施设计原则

（一）功能性原则

功能性原则是公共环境设施设计的基本原则。环境设施是为满足大众实用需求的设施，这种实用性不仅要求环境设施的技术与工艺性能良好，而且还应体现出设计者在设计的过程中考虑到人的使用过程和将来的发展。譬如，公共环境设施的易识别性、安全性、易操作性、协调性等问题，直接体现出对民众的关心程度。所以公共环境设施的实用性还体现在其所在的空间环境更加实用、合理、舒适，一条街道或一座城市将因这些设施的加入而变得更有效、快捷、富有情趣。

（二）整体性原则

公共环境设施是一个系统，不仅需要与周围环境协调一致，其自身也应具有整体性。环境设施无论大小，彼此之间应相互作用，相互依赖，将个性纳入共性的框架之中，体现出整体统一的特质。公共环境设施所处的环境包括自然环境、社会环境和人文环境。通过其外在的造型形式和内涵来反映特定的环境。以位于天津马场道街头雕塑为例。此街道原是跑马场，一组以骑师与马的造型反映该区域历史生活，自然而和谐，表达了与环境的统一性。而另一组具象的动物造型的雕塑小品，尽管造型生动可爱，但与“五大道”的环境氛围有唐突与错位的感觉。

因此公共环境设施设计时，既要了解空间需要与空间条件的关系，认识人们对环境设施的合理需求，又要分析环境对设施的影响，考虑环境设施在空间环境中的效果，确立整体的环境观念。

（三）绿色、环保原则

绿色设计日益成为全社会广泛关注的价值观与实行规则。国际上将绿色设计具体归纳在三个“RE”中，即Reduce（减少）、Reuse（回收）和Recycle（再生）。这“少量化、再利用、资源再生”的原则本质上是一个可持续发展的社会问题，体现出公共环境设施的开发与使用的过程中，对于人们的生态环境与资源环境的有益性尺度。提醒着各个设计领域都应对保护生态环境持有高度的责任感与道德感。

绿色、环保原则在环境设施中的应用并不是仅仅多设立几个分类垃圾筒而已，它要求设计师在材料的选择、设施的结构、生产工艺、设施的使用乃至废弃后的处理等全过程中，都必须考虑到节约自然资源和保护生态环境，以减少环境的负担。

（四）人性化原则

在公共环境设施设计时，通过形态、色彩、材质等赋予环境设施的不同属性，从而满足人们不同的心理、情感需求，人性化的设计力图将人与设施的关系转化为类似于人与人之间存在的可以互相交流的和谐关系，是公共环境设施的根本原则。在姆利的弗吉尼亚泰森斯科纳中心的中庭（图3–6），设计了高大的棕榈树边安置一排波浪形的长凳和绿化，使游人在此仿佛置身海边一样。

图3–6　姆利的泰森斯科纳中心 美国弗吉尼亚州

无障碍设计思想开始得到普及，不仅从老

年人、残疾人的角度来审视社会，而且消除所有人日常遇到的障碍，创造无障碍环境，最大限度地为人们提供方便，表现为同时满足普遍需求和差异性需求，也是人性化设计向全面纵深发展的趋势的体现。

（五）形式美原则

形式美原则是创造空间环境美感的基本法则，在设计环境设施时，必然要运用形式美的规律来进行构思、设计、实施。通过把握环境设施个体的形态结构与整体空间环境间的主从关系、对比关系等，使环境设施具有良好的比例和尺度、节奏和韵律，也是感染人们的艺术作品。

四、公共环境设施材料选择

随着时代的发展与科技的进步，公共环境设施作为技术与艺术的综合系统工程，在内容、功能及形式上与时俱进。今天某些正在时兴的设施及特性，明天可能面临着解体的危机和融合的契机，而某些销声匿迹的设施可能又被改头换面重新启用。环境设施的进步与新材料的应用密切相关。现代设计中常常追求简洁、自然，体现材质美。材质美通过材料本身的表面物性，即色彩、光泽、结构、纹理、质地等表现出来。材料与形态的关系是十分密切的，不同的外表材料由于物理性能及化学性能的不同，会出现不同的性格表现，不同质感的材料给人不同的触感、联想感受和审美情趣。任何设计都需借助于材料及工艺来完成，否则，设计将只能流于形式，而毫无实际含义。不同的材料性质不同，必定导致其结构方式的不尽相同，而不同的结构方式，又势必引起形式与造型上的不同，因此形态—材料—结构之间的关系是相互影响相互制约的。

正确、合理、艺术地选用材料是使用材料的关键。材料的选择应考虑以下各种因素：满足设计实体的功能；适宜环境的需要；符合工艺加工的技术条件。对不同等级设施设计而言，如果都使用超高级材料，那么无论从材料性能、经济价值而论，都是难以适应的。如休息椅不论是使用木材或铝板，都可以拥有相同的机能，其差别只在承受重量的差异、耐用时间的长短、成本的高低等方面（图 3−7、图 3−8）。

图3−7

图3−8

图3−7、图3−8 使用不同材料的休息椅

公共设施所用的材料十分丰富，大体分为金属材料、无机非金属材料、复合材料、自然材料、高分子材料等。环境设施普遍使用的材料，如表 3–1 所列。

公共设施的材料特性 **表 3–1**

<table>
<tr><th>类 型</th><th colspan="2">形 态</th><th>特 性</th><th>其 他</th></tr>
<tr><td rowspan="3">石材</td><td colspan="2">花岗岩</td><td>质地坚硬，耐磨性、抗腐性高，不易损伤</td><td>几何造型易成型，纹饰细部难加工</td></tr>
<tr><td colspan="2">石灰岩</td><td>常见的沉积岩类，较其他石材吸水性高内聚力低</td><td>易加工</td></tr>
<tr><td colspan="2">大理石</td><td>质地细腻，内聚力强，抗张力较弱，不耐高热，有光滑坚硬的表面</td><td>因矿脉纹理光泽柔润，不易碎裂。易切割多用于装饰面材纹理</td></tr>
<tr><td rowspan="2">金属材料</td><td colspan="2">黑色金属（钢、铁、铸铁、碳素钢、合金钢、特种钢）</td><td>硬度高，重量沉</td><td>铸造（砂模铸造、离心铸造、连续铸造）冶金、冷热轧、焊接、退火处理等</td></tr>
<tr><td colspan="2">有色金属（铝、钢、锡、银及其他轻金属的合金等）</td><td>硬度低，弹性大</td><td>由铝加入其他元素形成铝合金具有比重轻、高强度、耐腐蚀等特性，经压力被加工成管、板、型材</td></tr>
<tr><td rowspan="2">高分子材料</td><td colspan="2">天然高分子材料</td><td>含纤维素、蛋白质等。</td><td>作为增强剂、填加剂使用</td></tr>
<tr><td colspan="2">合成高分子材料</td><td>合成纤维、合成像胶、塑料等</td><td>经常作为基础材料，形成复合材料</td></tr>
<tr><td rowspan="3">有机材料</td><td rowspan="2">木材</td><td>硬木 阔叶林类</td><td>多产赤道周边地区
水纹明显、均匀、美观，含油量高</td><td>如桦木、红木、柚木、橡木、花梨木、胡桃木、水曲柳等</td></tr>
<tr><td>软木 针叶林类</td><td>产自高纬度地区，原料长直，木纹明显</td><td>易加工，如松木、杉木、杨木等</td></tr>
<tr><td colspan="2">竹材</td><td>具有坚硬的质地，抗拉、抗压的力学强度均优于木材，有韧性和弹性，不易折断</td><td>竹材通过高温和外力的作用，能够做成各种弧线形且有较强地域性色彩</td></tr>
<tr><td>复合材料</td><td colspan="2">玻璃钢、混凝土等</td><td>可塑性强，抗腐性高，不易损伤，适用广泛</td><td>易施工，制作</td></tr>
</table>

1. 木材

木材具有肌理效果，触感较好，其材料加工性较强。木材使用于休息设施的椅、凳座面时，因木材长期处于室外环境，深受自然的损害，耐久性差，因此选择既经济又具有耐久性的木材是重要的。木材经加热注入防腐剂处理可具有较强的防腐性。随着加工技术的不断提高、木材的粘接技术和弯曲技术的飞速提升，休息设施的形态必将多样化。

2. 石材

以花岗石和大理石及其他坚硬石材为主。石材不仅材质坚实，而且耐腐蚀，抗冲击性强，装饰效果高雅。特别在欧洲，以石为材料制成的座椅与石材建成的古典建筑融为一体，形成了欧洲“文化”的特点。石材由于加工技术有限，一般制成休息椅无靠背，方形为主。石材的选择按设置场所、使用的不同而异。其中材料的耐久性、色彩、结构等方面应作为设计时的重要因素而加以研究。

3. 混凝土

属无机材料，其成分含二氧化硅化合物，故亦称硅酸盐材料。它具有坚固、经济、工艺加工方便等优点，所以在公共环境设施中普遍应用。但由于材料吸水性强，表面易风化，故经常与其他材料配合使用：钢筋为经线构成网状，外浇筑混凝土构成座面；与砂石混合磨光，形成平滑的座面等，多用于种植绿化带的平台、路障、缘石坡道。

4. 陶瓷材料

属无机材料。陶瓷制作休息椅、凳，由于烧造工艺的限制，其尺寸不可过大，加之烧制过程中易变形，难以制作较复杂的形态。陶瓷材料表面光滑，耐腐蚀，易清洁，色彩较丰富，又具有一定硬度，因此适合室外设施使用，特别在公园休息处，与整体环境较为协调。

5. 金属材料

在现代工业生产中，钢铁占有重要地位。由于它具有良好的物理、机械性能，资源丰富，价格低廉，加工工艺性能较好，因此应用较广泛，环境设施也普遍使用。钢、铁虽均为铁和碳组成的合金，但含量不同，其“性格”有较大差别，可分为纯铁、生铁和钢三种。可利用铸铁加工技术制成各种不同形态的休息椅、凳等。由于金属热传导性高，冬夏时节，表面温度难以适应座面要求。现在，冲孔加上金属技术的进步，可使金属制成网状结构，小口径钢管可加工成轻巧、曲折的造型，从而导致新形态的产生。如欧洲自 18 世纪流行并流传至今，利用铸铁加工技术制成各种不同形态的休息椅、凳。铝合金和不锈钢材随着技术的发展也成为当今的环境休息设施中常用之材。

6. 塑料

属高分子材料，包括合成纤维、合成橡胶和塑料等。高分子材料的应用促使各种人工合成材料的诞生，有力推进了人类物质文明的发展。塑料又分为通用塑料（包括聚乙烯塑料、聚氯乙烯塑料等）和工程塑料（包括塑料与金属、水泥等组成的复合材料等）。塑料具有可塑性和可调性，可以使用较简单的成型工艺，制成较复杂形态的制品，并可在生产过程中通过改变工艺、变换配方等方法来调整塑料的各种性能，以满足不同需要。另塑料具有的重量轻、不导电、耐腐蚀、传热性低、色彩丰富等优点，适合应用于环境休息设施。如在环境休息设施中常在露天休息场所使用靠背塑料椅和移动的塑料凳。

第四章 公共环境设施的分类与设计程序

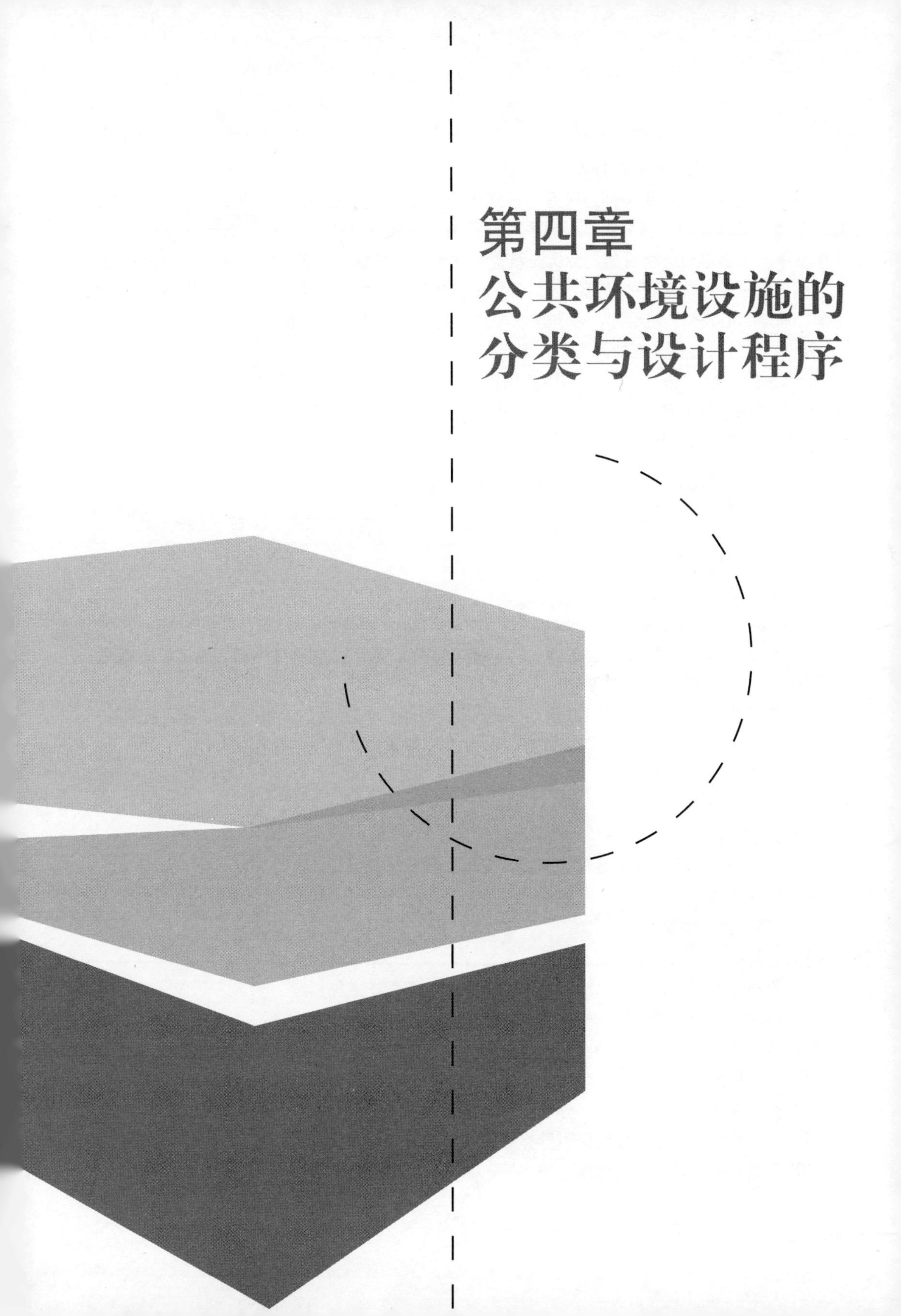

一、公共环境设施的分类

现代社会的生活丰富多样，导致了多样化环境设施的出现。公共环境设施一般可从三方面来分类，即从使用方面分类，从管理、经营方面分类，从生产制作方面分类。由此可见，仅仅从单一方面进行环境设施的分类是缺乏科学性的，它涵盖了较多的因素。环境设施的产生，不仅要考虑城市环境的特点、人对环境设施的视觉分析及人们现代生活的需要，而且与工学、医学、心理学、社会学、材料学、文化、经济、艺术等密切相关。

（一）国外对环境设施的分类与界定

1. 日本环境设施的分类（以道路为例）

（1）道路本体的要素

1）土木工程的基础。

2）路面的铺装工程。

（2）道路构造物要素

1）桥梁、高架立交桥。

2）隧道、地下通道。

3）道路隔离栅、防护墩。

（3）道路附属物要素

1）交通宣传安全要素（立交桥、防护栅、道路照明、视线诱导标志、眩光防止装置、道路交通反射镜、防止进入栅等）。

2）交通管理要素（道路标志、道路信号、紧急电话、可变性标志、交通管理控制系列等）。

3）停车场等要素（管理亭、停车场、公共汽车停车区、休息处等）。

4）防雪、除雪要素。

5）安全要素。

6）防御要素。

7）共同隔离障碍（如道路与道路以外环境的隔离沟或绿化隔离带等）。

8）绿化要素。

（4）道路占有物要素：

1）空间要素（地下街）。

2）设备要素（电力、电话线、水道、下水道、煤气管道等）。

3）休息要素（长椅、咖啡亭等）。

4）卫生要素（垃圾箱、烟灰缸、饮水器、公共厕所）。

5）照明要素（步行者专用照明、商店照明、投光照明）。

6）交通要素（公共汽车站、停车场装置等）。

7）信息要素（道路、住宅区引导标志、公用电话等）。

8）配景要素（雕刻、纪念碑、喷水等）。

9）购物要素（贩卖亭、广告塔、商品陈列橱窗等）。
10）其他要素（游乐具、展示陈列装置等）。
2. 英国环境设施的分类
High Mast Lighting（高柱照明）
Lighting Columns DOE Approved（环境保护机关制定的照明）
Lighting Columns Group A（照明灯 A）
Lighting Columns Group B（照明灯 B）
Amenity Lighting（舞台演出照明）
Street Lighting Lanterns（街路灯）
Bollards（止路障柱）
Litter Bins And Grit Bins（垃圾箱、防火砂箱）
Bus Shelters（公共汽车候车亭）
Outdoor Seats（室外休息椅）
Children's Play Equipment（儿童游乐设施）
Poster Display Units（广告塔）
Road Signs（道路标志）
Outdoor Advertising Signs（室外广告实体）
Guard Rails, Parapets, Fencing and Walling（防护栏、栏杆、护墙）
Paving And Planting（铺地与绿化）
Footbridge For Urban roads（人行天桥）
Garages And External storage（停车库和室外停车场）
Miscellany（其他）
3. 德国环境设施的分类
Floor covering（地板材）
Limit（栅）
Lighting（照明）
Facade（裱装）
Roof Covering（屋顶）
Disposition Obj.（配置）
Seating Facility（坐具）
Vegetation（植物）
Water（水）
Playing object（游具）
Object of art（艺术品）
Advertising（广告）

Information（引导、询问处）

Sign posting（告示）

Flag（旗）

Show–case（玻璃装饰橱）

Sales stand（售货亭）

Kiosk（简易售货店）

Exhibition Pavilion（销售陈列摊位）

Table and chairs（椅和桌）

Waste bin（垃圾箱）

Bicycle stand（自行车架）

Clock（钟表）

Letter box（邮筒、邮箱）

（二）中国环境设施的分类

据资料记载，中国较早对环境设施进行详实分类的是梁思成先生，他在1953年的考古工作人员培训班的讲演中，将环境设施分为：园林及其附属建筑、桥梁及水利工程、市街点缀、建筑的附属艺术等。

我国台湾地区则将城市景观的环境设施分为自然景致、街廊设施和建筑景观三部分。

根据我国的具体情况，参考公共景观规划设计、环境艺术设计、工业设计、视觉传达设计及数字设计等专业，依据基础环境设施设计的概念，结合环境设施的各要素而组成的系列性体系，可大致概括性地分为：

管理设施系统：控制设施、电气管理、电线柱、路灯、消防管理设施等；

照明设施系统：道路照明、广场照明、商业街照明、公园照明等；

信息、识别设施系统：标志、公用电话等；

卫生设施系统：垃圾箱、烟灰缸、饮水器、洗手器、公共厕所等；

休息设施系统：休息椅、凳等；

交通设施系统：人行天桥、连拱廊、止路障碍、铺地、公共汽车站、自行车停车处等；

游乐具设施系统：静态游乐具、动态游乐具、复合性游乐具等；

无障碍设施系统：交通、信息、卫生等；

配景设施系统：水景、绿化、雕塑等；

其他要素设施系统：购售系统、计时装置等。

二、公共环境设施的设计程序

（一）现场勘察与分析

在构思之时首先要对公共设施所处的位置及周边环境进行勘察，了解自然地形怎样；周围的建筑群是什么样的；采光情况如何；地面的高低情况；空间环境的设计风格与定位；对空间尺度进行分析与比较；对人的活动规律和行为方式进行分析。同时了解该区域的文化（包括地区风俗、人们的心理、生理的要求），现有公共设施的情况，选定新的设施的功能需要，通过交流了解投资方的设计目的，想达到什么样的功能要求，如观赏的、休闲的、健身的、娱乐的、交流的、纪念性的等等。在交谈中，可积极地建议，也可提出合理意见，尽可能达成共识。

整个工程有没有预算，造价多少，心里都要有数。尽可能做到经济、实惠、美观、大方、科学、合理。应聘请社会科学家和行为研究人士参与初期的研究分析。这样尽可能避免设计者自身的价值观、个人的固有概念、经验代替民众意志，减少了设计的盲目性。在信息泛滥的社会中经常出现小城市模仿大城市，此国家模仿彼国家的环境设施，其结果是相像类似的城市环境设施不断出现。这种倾向，使得许多地区出现雷同的景观，丧失了个性。各个国家和地方，无论自然、空间、历史还是宗教等都是不相同的，从而要找出环境设施的差异性。

（二）建立设计概念

设计活动的运作，就是要解决存在的问题，提出问题，寻找和发现问题，然后再去找到解决它的方式。要制定要素及分析图，包括人的要素、环境要素、技术要素，深入研究它们之间的关系，确定设计目的，进行设计定位，制定设计计划书。

（三）方案确立

综合前期工作，分析、交流，在定稿草图的框架之下，按一定的比例进入一个一个局部的细致设计。把握阶段目标，主要确定形态与周边环境的关系、形态上的协调性及文化含义，使个体造型有其独特的个性，分析形态—材料—工艺的可行性结合。经过反复推敲确定初步方案，带上初步设计平面图和视觉效果图与客户磋商，阐述设计意图，讲解设计的用心所在，听取意见，进行合理的调整。

（四）制作模型

推敲细节及尺寸并符合人的心理与使用需求，能够点缀、连接、呼应、协调环境空间。完成修改图纸，正式制图。制图要求标准化，图纸上必须标有：比例、方位、图纸名（如平面图、立面图、断面图、剖面图、配置图、详细图等）、范例表（所用材料名称、尺寸、使用数量等说明）、工程名以及制图日期等。表现构造物的图纸一定要明确标出尺寸，图面清爽简洁，尽可能要让人易读易懂，一目了然。

（五）论证与评估

主要提供可依据性数据及结构，请专家和管理者进行评估，也包括向社会及使用者征求意见。

（六）设计制作与施工管理

在加工或制作中，要及时发现问题，以便对主体结构、造型、尺度进行微量调整。公共环境设施远比建造其他物质环境涉及更多的内容，包括引导人们以可行的方式适应新环境，爱护和协助管理各种环境设施。

（七）公共环境设施的设计流程

公共环境设施的设计流程，见表 4-1。

公共环境设施的设计流程 **表 4-1**

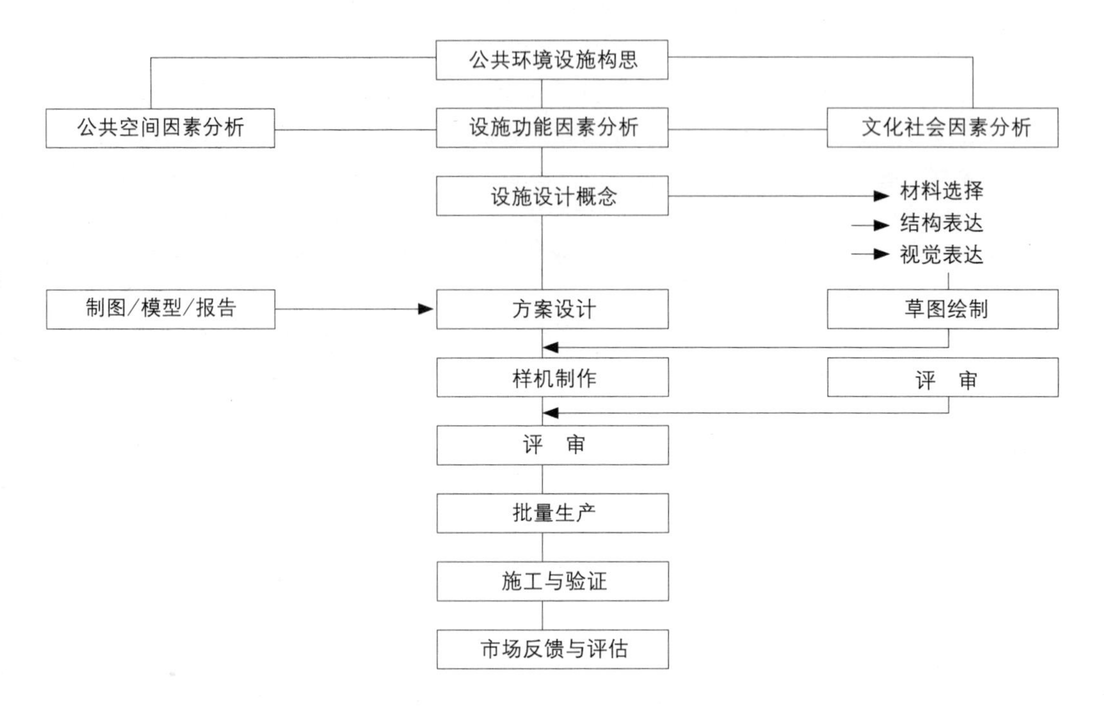

三、公共环境设施设计图例

见图 4-1 ～图 4-5，公共环境设施设计图例。

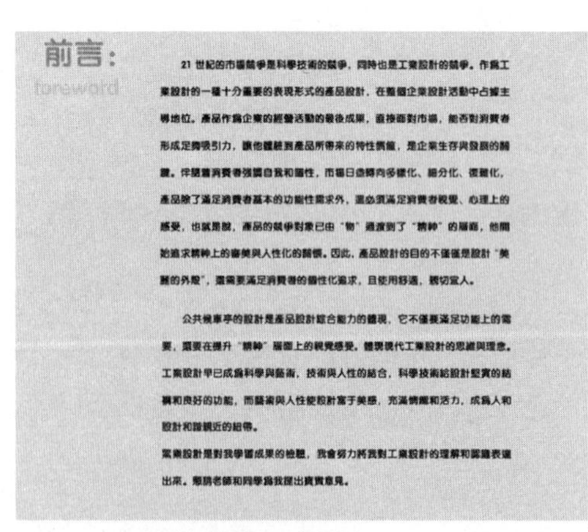

市场调研

Market Investigation

图4-1　公交站候车亭设计案例

草图

图4-2　公共座椅三视效果示意图　刘羽设计　张海林指导

图4-3　张贵庄路人行天桥效果示意图

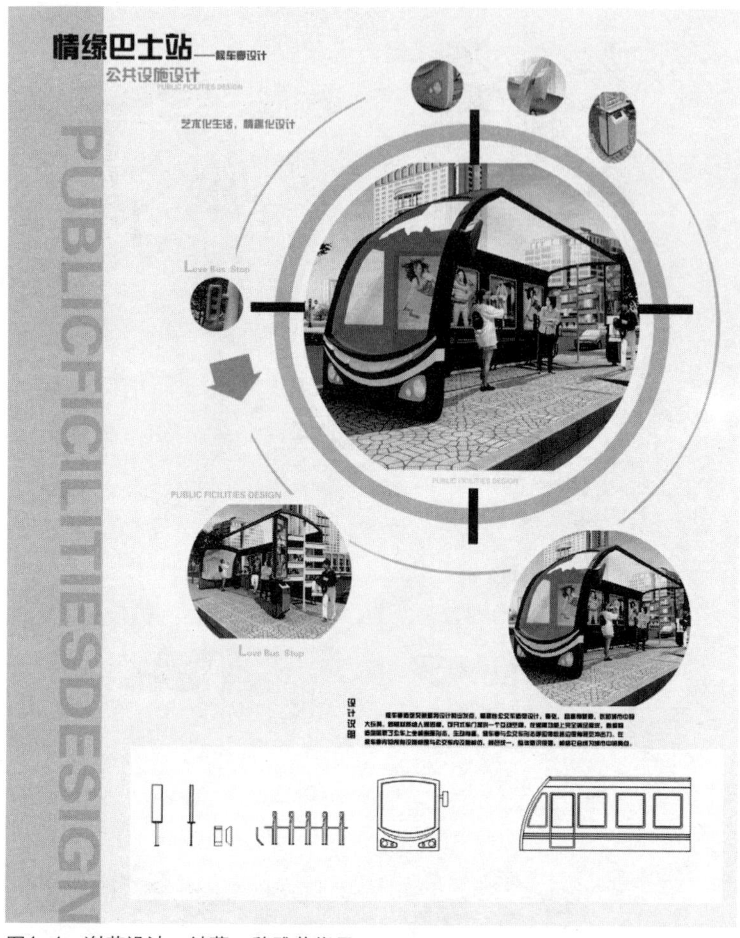

图4–4　谢菲设计　钟蕾　魏雅莉指导

图4–5　屋顶花园设计　李炳训

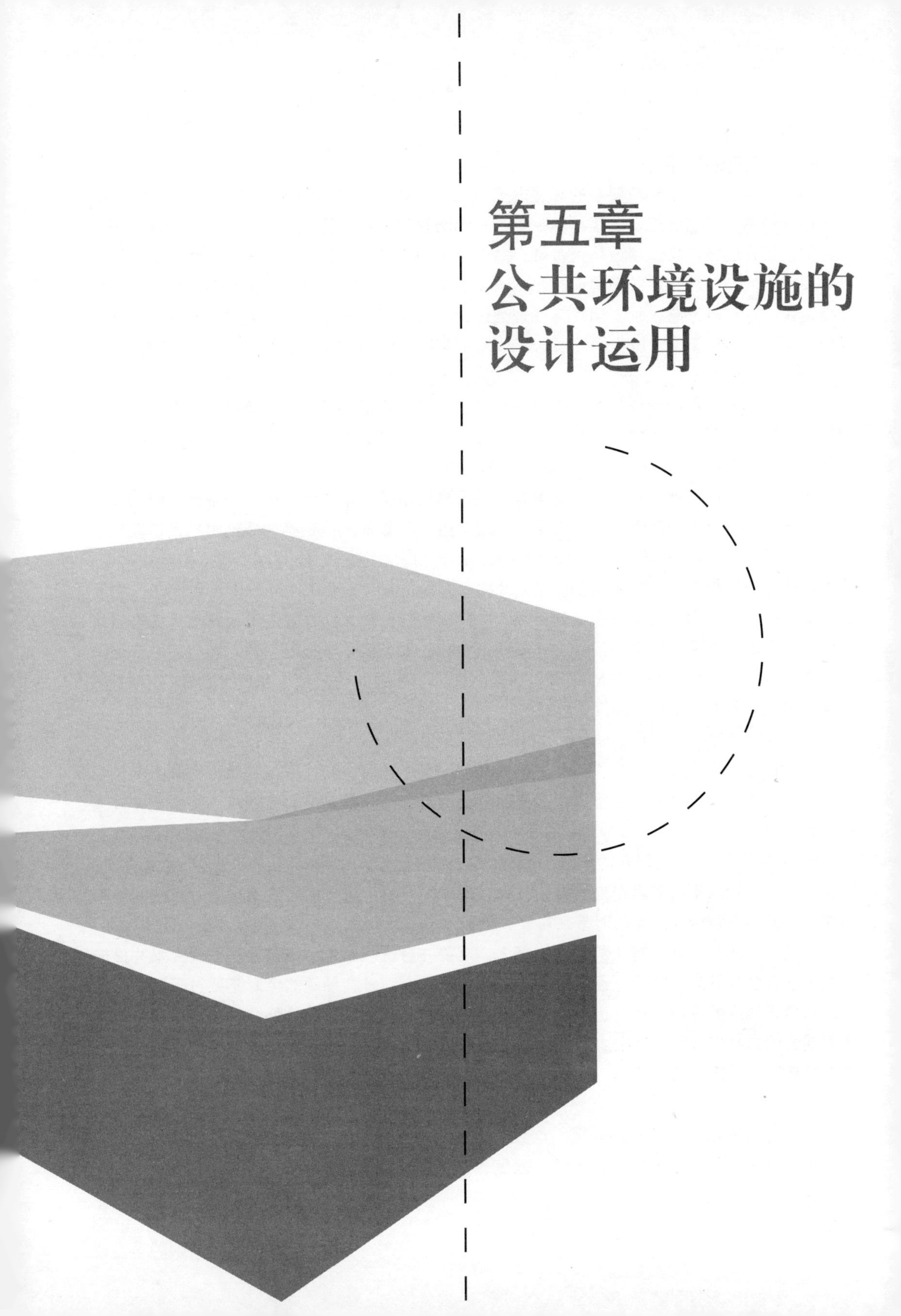

第五章 公共环境设施的设计运用

一、管理设施系统

管理系统作为环境构成要素的环境设施，在城市建筑规划中起着越来越积极重要的作用。在城市环境中，控制设施、电线柱、配电柱、消防管理设施、管理亭等均属环境设施管理系统范围。现在的城市构造以道路为基础，并保存着面积较大的公共空间，与此相适应配置了各种多样而复杂的管理系统环境设施。由于使用地区的不同特点，尽管人们对这类环境设施在街道中的存在越来越重视，但目前在规划设计上存在不少问题，特别是这类管理系统环境设施开发迟缓。随着现代城市的发展，管理系统环境设施设计在城市整体规划中将逐步完善。

（一）控制设施

拦阻与引导是控制设施的两大功能，这种看似矛盾实则又统一的环境设施，在城市环境规划中发挥着不可质疑的作用。当设施的物理特征发生改变时，引起拦阻与引导成分的相应改变。拦阻功能增加则意味引导作用减弱，反之亦然。

管理系统中的边界、拦阻、隔离等是公共设施设备范畴中必不可少的一部分。阻挡设施一般根据材料、高度和宽度分为硬性阻挡、规劝阻挡和警告阻挡三类。硬性阻挡通常采用硬质材料，并有一定高、宽度，强制性地指导人们的行为，如高大段墙、密实绿篱、宽远沟渠等。规劝阻挡设施的材料多以软硬材质相结合为主，设施的高、宽度尚可，一般都能跨越，主要起规矩和限定的作用，具有命令性的特点。其中以栏杆、绳索、矮篱等最为常见。警告阻挡本体并不足以妨碍人们的穿行活动，一般通过地面的高差变化与限制、色彩和材质的变化暗示，借以阻隔人车的逾越。拦阻隔离包括强制性阻隔和限制性阻隔，它们可用栅栏、护柱、绿篱、墙垣、段墙、花坛、沟渠等组成。

1. 绿篱、栏杆

绿篱因其具有绿化、净化、美化环境的功能，又能分隔空间，所以在营造构筑空间氛围中可起到明显的边界效果；由于围栏表露面积大，且占有一定高度，在城市空间中起着较强的限定和引导作用。

进行围栏设计时，要使它的形态、色彩、高度、材料等与被围限环境的性质、特点相呼应，具有统一感。如果不需要阻挡外界视线，则以通透的栅栏为宜，但应注意栅栏立杆的间隙和高度要得当，不致给儿童穿越时带来意外，见图 5–2、图 5–3。

墙栏的顶端处于邻近行人的最佳视野内，需要注意这一部位的细部处理，现今那些搞成尖刺或端头朝外等威胁性造型逐渐被拆除。在风景区中，较高墙栏的色彩不要过于明丽，应使之从属于园内的绿景。在有历史和文化特点的区域，实墙和漏墙的外装材料最好能与街道地面铺装的古朴素雅的气氛相协调，以取得空间感的延伸和扩大。在城市公共空间中，对草坪、花池需要一定的饰边或分隔。

2. 段墙

墙垣、段墙以及建筑物的外墙，均具有极强的边界和阻隔功能。段墙分为实墙、漏墙、栅栏等。段墙通常设置于广场、园林、庭院，对场所环境既起着阻隔、屏蔽与透景的作用，又有划分和导向的功能。正如日本建筑学家芦原义信所说："30cm 高度的墙，人们可以较平稳地坐在上面；60cm 高度的墙，人可较随意地坐在上面；90cm 高度的墙，人可扶在上面；120cm 高度的墙，人可以靠在上面；而超过 180cm 的墙，则完全阻隔了人们的视线。"指出墙的不同高度具有不同的作用，这完全取决于环境需要，见图 5-1。

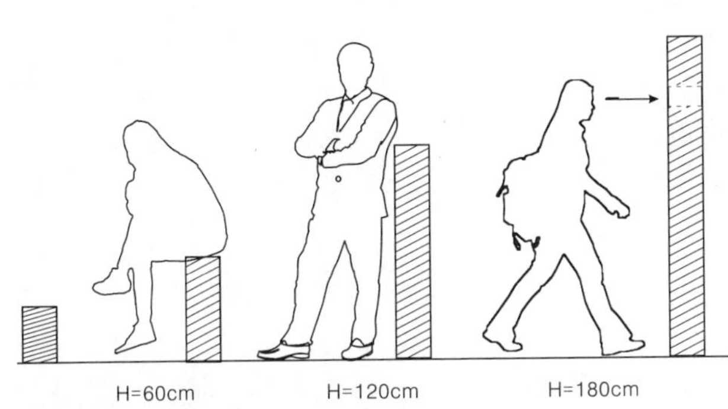

图5-1

段墙墙顶不一定平直，而且漏空部分可以起自底端，就如同过廊。段墙有时在公共场所空间环境中为了提高其装饰和感染力，经常采用在墙体上开洞窗、洞门，进行花格处理的办法，对墙表材料的色彩和肌理做艺术构成设计，与雕塑、喷泉、水池、绿化、装饰照明等环境设施结合，使其呈现更为多姿的形态，见图 5-4、图 5-5。

图5-2　绿篱的围栏

图5-3　铁艺的栏杆

图5-4　段墙的形式

图5-5　天津五大道的各式段墙

3. 沟渠

运用沟渠进行拦阻隔离也不失为一个较理想的边界效果。沟渠是凹陷式拦阻设施，一般多见于居住小区和文化教育机构比较集中的地段区域。沟渠在对空间实施拦阻的同时，也为人们所必需的室外活动的细部环境创造优美的动感因素，起到强制性拦阻的作用。它的主要特点是不遮挡视线，使沟渠内外景物彼此沟通。但为防止行人跌入，在沟渠两侧还需附加绿篱、栏杆或护柱以及照明等设施。在某些场所中，下沉式广场、花园和水池等也可以起到类似于沟渠的拦阻作用，见图 5–6 ～图 5–8。

图5–6　意大利别墅花园巴洛克式的水渠

4. 声屏障

汽车家庭化的加快使之数量激增，高架桥的延伸，使噪声已经成为“道路公害”中的主要问题，给沿路居民的生活带来很大影响。国外的改善方式除将部分路段下沉设置、人为限制车辆噪声、改善车况路况外，还可在道路两侧设置消减噪声的设施，如小品建筑、广告看板、树木、土坡等。其中声屏障是效果最为显著的设施。

声屏障是用来遮挡声音的墙壁状构筑物，它的高度由道路面幅及建筑物位置所决定，通常为 3 ～ 5m。声屏障的长度为沿道建筑群的总长与两端延长部分之和。由基础、支柱、隔声板、板内填充材料等组成。隔声板的消声形式分为反射性和吸声性，如金属材料面层加设玻璃棉穿孔板、混凝土板，在风景观光区域可以采用有机玻璃和聚碳酸树脂等半透明材料，各种材料的声屏障见图 5–9 ～图 5–11。适用隔声板的消声特性的应用材料列表，见表 5–1。

隔声板应用材料　　**表 5–1**

分类	应用材料
隔声板反射性	混凝土，石棉，合成树脂（透视性）
隔声板吸声性	板状金属、柱状金属（透视性）合成树脂

图5–7　浪琴屿花园水池

图5–8　天鹅堡小区的水渠顺阶而下

图5–9

图5–10

图5–11

图5–9～图5–11　各种材料的声屏障

在声屏障设计中应注意以下问题：

第一，声屏障可使道路外侧的日照和通风受到阻碍。

第二，采用色彩明快的隔声板材，沿声屏障内外种植树木，对隔声板表面进行某种个性化艺术处理，可减弱对道路内外形成压迫感和对景观、心理带来的负面影响，但要防止眩光。

第三，声屏障的造价较高。声屏障对地段环境可造成视线的阻隔和空间的分划。

（二）电气系统管理

安置在家庭、商业设施等周围环境的配电装置也是公共空间中的环境设施的管理系统的重要部分。主要有设置变压器和配电盘等变电场所。这种场所具有较高的安全性、便于检查、易于移动等特点，在道路、广场、公园等周围环境中使用。这类控制、管理电力装置的设备在街道和广场周围是很醒目的，但难以作为景观处理。随着公共环境设施的不断充实，喷泉、雕塑等使用电力的环境设施不断增多，道路、广场等周围对电气系统管理有增大的倾向，有必要追求这类设施质量的提高和造型、色彩的改善。

电气系统管理基本形式比较简单，规模较大，为室外型单元化设施，因其设置于室外环境中，应作防水处理。近年来随着技术的发展，在街道旁设置以小型化为主。电气系统管理小型化，并与其他设施结合具有复合功能。例如与标志、指示牌、广告等组合，在其反面设置这类电力设施，不仅具有复合功能而且造型、色彩等方面均有了提高。由于设置场所受到限制，应考虑尽可能不影响步行者的行动，并应充分研究其观看角度的效果对于改善环境的积极作用，见表 5–2。

电气系统管理设施　　**表 5–2**

项目	特点	适用范围	备注
室外型单元化设施	体积$L\times W\times H$ 230cm × 130cm × 260cm	置于广场和道路	独特的形态和色彩
多单元大型规格化组合设施	2连式、3连式的2单元、3单元型	置于广场、公园	考虑景观效果、协调
复合功能管理设施	有利于容纳限定的电力	公用厕所、指示牌、标志等	造型与色彩提高潜力大

（三）路面管理设施

在管理系统的环境设施中，路面的盖板类具有环境设施的特点。例如，埋设型消火栓的盖板、下水道的盖板、输送电水煤气等管道的盖板等，对道路景观有着较大影响。地面铺装的材料和色彩、纹样等与盖板的造型、纹样如何协调，统一为一个整体，是设计应考虑的问题，一般由各城市、地区作统一规划进行设计，以体现地域、城市特征为佳。

1. 盖板

现代化城市高密度的发展，作为街道主要的城市设备的敷设空间，由于地下管道错综复杂，形成网状，构成一个立体型构架，导致路面盖板类随之不断增加。由于其大小、材料、形态等各不相同，配置也缺少秩序化，有损道路表面装饰性、美观性。与其他环境设施相比，盖板类如进行秩序化的设计，需要改变路面下的设施的配置线路、管道直径的大小等。管道盖板类的基本形一般为圆盘形和网形两种，以铸铁为主。圆盘形盖多用于城市地下设施的出入口。网形盖多用于排水口或被地下道、地铁等作为通气孔而利用。但无论圆形、网形盖都应与周围地面环境相协调，见图 5–12 ～图 5–14。美国旧金山街道的鱼形排水格栅设计，形状像条鱼，在满足使用功能的同时，为街道又增添了景色，行人经过时又易于辨识，给人们带来了极大的方便。据说，还起警示牌效果，形象地告诫行为不检点的人，不要往鱼身上倾倒汽油（图 5–15）。

设计要点：

1）在新的城市规划及工程前就应该相互调整各部门的关系，尽可能整体安排，并考虑盖板类的统一设计。注意盖板与路面的过渡衔接。

2）盖板设置的位置应选择在交通流量相对小的和较隐蔽处。

3）盖板上应有明显的标识，易于识别内容，并要防盗、防裂、防跳等。

图5–12

图5–13

图5–14

图5–12～图5–14　圆形路面盖板

图5–15　鱼形排水格栅

2. 树池箅

树池箅一般是指步行环境中树木根部与地面间面积 1m² 左右的栅栏。树池箅的材料多采用石板、混凝土预制块、金属等。树池箅主要用途是减少土的裸露和流失，避免树根部堆积垃圾，利于树木生长，起到美观、清洁等作用，见图 5–16 ～图 5–20。

设计要点：

1）与铺装过的路面有着一致的平整性，保持路面的完美，树池箅与地面间的风格统一。

2）树池箅拼装方法有两拼、四拼、多拼、铺垫等。

3）树池箅安装牢固，便于拆开清扫，箅面应满足透水、透气性。

（四）管理亭

停车场、高速公路收费处、警巡岗亭、公共场所出售纪念品和票证的售票亭等为管理者利用的设施，这类设施为适合各种需求而设置。管理亭这种相对比较少的设施具有一定的设计意义。一般设置于街道场所，应给行人带来亲切感。停车场的管理亭，随着汽车交通的发达而产生。作为独立形态的具有建筑特点的环境设施，其安放位置应多方面考虑，因其性格特征、功能的不同就产生了不同的设计。管理亭的基本形体应与较为类似的售货亭相区别，同时认真研究其设置与城市景观的协调性，见图 5–21 ～图 5–23。

简易几何形组合方式，一般有一定的标准，标准尺寸可以改变空间的大小及必要的机能和设置条件，其尺寸具有一定的规格化。因此标准设计可以确保使用质量。管理亭形体设计一般比较轻巧，按照特定用途和规定尺寸、结构等统一制作。根据管理亭的使用目的，其要求、大小可异，最小的形制为 1 人立位，一般空间为 200 ～ 300cm²，仅可放置椅子等简单家具；高速公路的收费管理亭为 2 人容体，长 × 宽 × 高为 350cm × 120cm × 2500cm；有的需

图5–16

图5–17

图5–18

图5–19

图5–20

图5–16、图5–17　混凝土的树箅
图5–18、图5–19　金属的树箅
图5–20　石材的树池与树箅

图5—21　天津梅江小区的管理亭

图5—22　街边的治安管理亭

图5—23　小区的停车场管理亭

在亭内设置其他附属设施如：空调、休息椅、饮水机等物，其容积可适当增大。

（五）消防管理设施

室外消防环境设施主要是消火栓。消火栓自古罗马广场中的流泉开始，历经二千余年的演进。消火栓的中心概念依然是“储水以救火”。一般有埋设型和路上设置型两种。各国使用的消火栓为了具有标识意义，其设计均为统一的。在国外为了不影响道路、行人及景观，不断增加了埋设型消防设施，见图 5—24。消火栓作为消防活动的重要设施，一般在 1000cm 间隔设置一个，高度以 75cm 为宜（图 5—25、图 5—26）。消火栓分为独立式和共构式，随着人们消防意识的增强，消防管理体系将更加完善，见表 5—3。

消火栓设施　　**表 5—3**

	特　点	适用范围	颜　色
路上设置	包括防火水箱、防火水管箱、柱形消火栓 防火水箱用于火灾后的清除残火及其他火焰不太大的消火活动	置于室外	橙色、红色、绿色
埋设型	材料以金属为主 铸造的铁盖应与地面铺石的可视性统一	置于室外	考虑景观效果、协调

图5—24　消防设备

图5—25

图5—26

图5—25、图5—26　各式的消火栓

（六）电线柱（电信柱）

随着城市的发展，电器设备的急剧膨胀，当今电力需求急剧增大，尤以夏季高峰期，电力的管理系统压力不断增大。随着长江三峡电力的建设，新疆、四川等地的风力发电基地的建立，我国大部分地区电力问题得到缓解，但对设施管理系统提出了更高的要求。电信、电话、电灯等主要电力的利用均需电线柱。以往电线柱为高 5 ～ 7m 的木柱。现在采用大规模的集中发电方式，以大量发电、高压远距离送电为特征，高压送电其电线柱从木制的送电塔也发展为送电铁塔，而电线也成了我国影响城市景观和建设的重要障碍。各地电线柱的支架和电线的拉引打乱了城市整齐性和良好的环境效果。在欧、美发达国家，甚至亚洲的日、韩等国，电线均埋于地下，为此电信柱、铁塔的设置处极少。我国近年来在一些大城市道路改造中也有采取埋入地下的方式，对于城市环境的美化、改善起到了显著作用。

电线柱原始作用是电力、电话等线路的输送，但由于诸方面因素及管理的不妥当，使其承载了太多的功能，照明灯、交通信号、道路标志、商品广告、盲人使用的传声信号等均设置于电线柱上。功能特点的巨变，电线柱原有特性极易发生混乱，甚至影响了道路的美观性。

电线柱支撑用柱具有输电用和配电用的区分。输电一般为铁塔结构，铁塔的外形应考虑与城市环境相协调。另外，架空输电铁塔与电压有关，其高度也不一样，一般高度为 800cm、600cm、450cm 等。配电用一般有钢筋水泥柱、木柱等，其中以水泥柱使用最为普遍，其次为木柱、铁柱，现今许多地区采用地下铺设的方式。

路灯实际上属于管理系统的范畴，也是城市街道必要的照明设施，路灯主要作用（除了照明）为表明道路的主次和区段空间。路灯间距以 25m 为宜，以免出现暗区，光照亦应均匀。树木繁盛的绿地中，应采用低于乔木树冠的园灯；踏步和坡道上应使用地脚灯、扶手灯等发光强度较低的灯具。城市的路灯已采用程序设定的方式，根据季节及昼夜交替的光线变化控制路灯的开启与关闭。关于路灯这里只作简要说明，本书将其列入照明系统中进行分类详细的说明。

二、照明设施系统

人类对于环境的感知离不开光线，光也能够改变周围的环境。在城市环境及公共艺术设计中的光环境概念，不是指物理学意义上的光现象，而是指环境美学意义上的光现象，实质是对建筑环境的形态塑造。

光可分为自然光和人工光两大类，如原本普通的建筑结构在自然光的照射下，铺洒的阴影使结构本身的立体感增强，形成了视觉上的虚实对比，强调了建筑的节奏感和空间的深度，给人简明的意象。若利用人工光，可将光源隐匿起来而突出光本身的特点。因为不同种类、不同照度、不同位置的光具有不同的表情，光和影本身的效果，完全可以创造出不同情调的气氛。

随着人工光源技术的进步，灯光环境设计则越来越丰富，使城市空间设计层次与变化愈加多样。许多城市公共空间，先进的灯光照明效果的创造，就是利用光的超强的艺术表现力，如路灯、广告灯、霓虹灯、商业橱窗、广场灯塔、桥塔投光照明及建筑立面、雕塑照明、流动的车灯等等，构筑了城市夜晚迷人的景致，创造出完全不同于白天的城市景观。光本身具有透射、反射、折射、散射等性质，同时又具有质感和方向性，利用光会产生如强弱、明暗、柔和、对比、层次、韵律等多种多样的表现，也会赋予人们不同的心理感受，如凝重、苍白、心怡、舒畅等。

公共环境照明不仅有利于提高交通运输效率，保障车辆、驾驶员及行人安全，更可在美化城市环境中起着重要作用。我国的许多大城市通过大规模城市环境开发，正逐步向着国际化迈进，使城市环境公共照明系统设计水平得以迅速地提高，灯光环境成为现代城市的主要特征之一。

（一）公共环境照明方式

公共环境光的照明方式一般以泛光照明和灯具照明为主，建筑物的室内透射照明是常在商业商务环境空间及标志性建筑等上采用的方式，在街道、广场、机场、公园及商业街等不同的场所使用不同的投光照明设备。照明器具有投光灯、泛光灯、探照灯等。

1. 泛光照明

泛光照明是指使用投光器映照环境的空间界面，使其亮度大于周围环境亮度的照明方式。泛光照明形式对塑造空间、形态、界面和材质效果等具有很强的表现力，使空间或形态富有立体层次感，较易构筑、创造美丽动人的光环境。

泛光照明的光源一般使用白炽灯、镝灯和色灯。灯具一般采用投光器，在其表层要求安置灯罩或格栅，以避免眩光。通常投光器较适宜布置在隐匿处，适用室外环境的各种场所，可作宣传、广告及装饰性照明，使用于公园、建筑、中心广场等处。

2. 灯具照明

灯具照明系指在环境空间中利用灯具的造型、色彩和组合，以欣赏灯具为主的照明方式。灯具具备较强的表现力，表现在造型上可以和水池、雕塑、建筑和景观等紧密结合，因而能改善环境效果，强化夜间视觉景观，创造点状的光环境。

城市夜晚照明水平是一项综合性系统工程，如果不重视电光源、灯具、照明设计和总体环境设计的综合研究，城市照明就难以达到完美的环境景观功效，也难以服务于市民生活、美化城市，甚至造成能源浪费，更难谈提高。上海在城市建设中对重点地区和不同街道实施了相应的环境塑造，也取得了突出成就。外滩和东方明珠塔的系统光环境塑造，都给每一位光临这座城市的人留下了深刻的印象，见图 5-27。

图5-27　上海外滩的夜景充分展现建筑体征

图5—28　路灯具有引导作用

图5—29　道路的灯杆照明

（二）公共环境照明设施设计与表现

这里就城市中的主要照明方式结合其对环境的功能作用加以介绍，并探讨有关照明设施的问题。

1. 道路照明设施

道路照明是环境照明的重要组成部分。决定道路照明质量的有以下因素：路面平均亮度；减少眩光；引导性照明排列指标及亮度的均匀性等。

路灯是城市环境中反映道路特征的照明装置。城市广场、街道、桥梁、地下通道、高速道路、住宅区和园林路径中，路灯有序地排列着，为夜幕下提供交通照明之便。路灯在城市照明中数量最多、设置面最广，并在城市空间中起着分划和引导的重要作用（图 5—28）。

路灯主要由电光源、灯具、灯杆、基座和埋设基础等五部分组成。包括柱杆照明和悬臂式高柱杆路灯照明，见图 5—29。

悬臂式高柱杆路灯照明方式分单叉、双叉、多叉式形态，光效率高。此类灯具的配光有三种类型：

第一，截光式。光分布集中于 0° ～ 60° 之间，无眩光，但灯柱应增多，适用于高速公路等。

第二，非截光式。光分布于 0° ～ 80° 之间，光强值较高，由于配光较宽，适用于明亮的场所、中心广场等。

第三，半截光式。介于截光式和非截光式之间，广泛用于一般道路照明。

悬臂式柱杆照明，高度、间距的关系，见表 5—4。

悬臂式柱杆照明高度、间距的关系表　　**表 5—4**

灯具型	安装高度h，道路宽度w	灯具间距D
非截光式	$h>1.2w$	$D>4h$
半截光式	$h>1.2w$	$D>3.5h$
截光式	$h \geqslant 1.0w$	$D>3h$

不同宽度道路布灯形式，见图 5—30；布灯形式与车道路面关系，见图 5—31。

图 5—31（b）中符号 W 为车道路面的有效宽度，w' 为实际车道路面宽度，oh 为照明悬挑外伸部分，h 为照明的高度。θ 为照明器的倾斜角度。

其中，图（a）为当灯具在道路单侧布置时，路面的有效宽度 w 为实际路宽 w' 减去一个

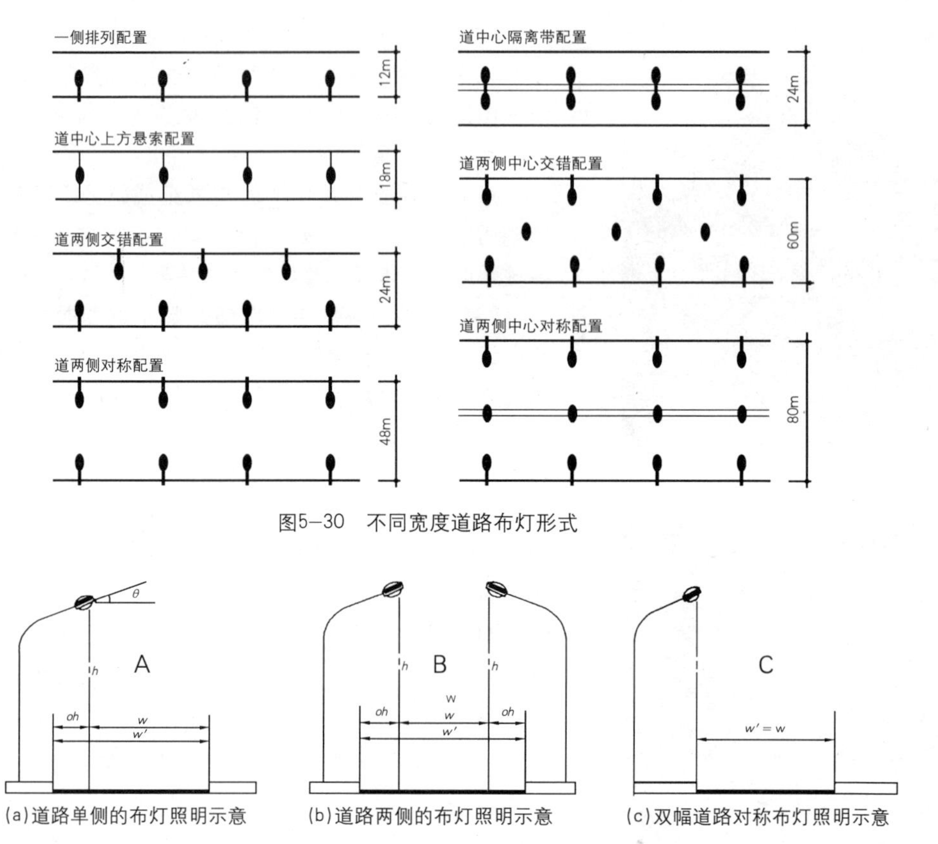

图5—30　不同宽度道路布灯形式

(a)道路单侧的布灯照明示意　(b)道路两侧的布灯照明示意　(c)双幅道路对称布灯照明示意

图5—31　布灯形式与车道路面关系截面示意图

悬挑长度 oh，即 $W=w'-oh$；图（b）为当灯具在道路双侧布置时，路面的有效宽度 w 为实际路宽 W' 减去两个悬挑长度 oh，即 $W=W'-2oh$；图（c）为当灯具在双幅路中央隔离带上采用中心对称布置时，有效宽度 W 即为实际宽度 W'，即 $w=w'$。

（1）柱杆照明

照明器配置在高度为 15m 以下的灯杆顶端。以一定间距沿着道路设置，这类灯具无保护角，式样简单，损光性小，经济适用而具有灵活性，可据道路线型变化而配置照明。有悬挂式和悬挑式两种布灯方式，悬挑式包含单侧布置、双侧交错布置、双侧对称布置和中心对称布置四种类型（图 5—32）。

照明灯配置以 7 ~ 15m 高为宜，照明灯具采用倾斜角度控制在 5° 为宜。照明器具外伸部分一般为 1.0 ~ 1.5m 适宜。照明器具的高度、间距和配置方式可根据道路的要求安排，但灯具基本的设置距离为 30 ~ 40m，见图 5—33、图 5—34。

（2）高杆照明

高杆照明是指一组照明器安装在高度为 20 ~ 40m 的灯杆上，进行大面积的照明。其间

图5-32　各类柱杆照明

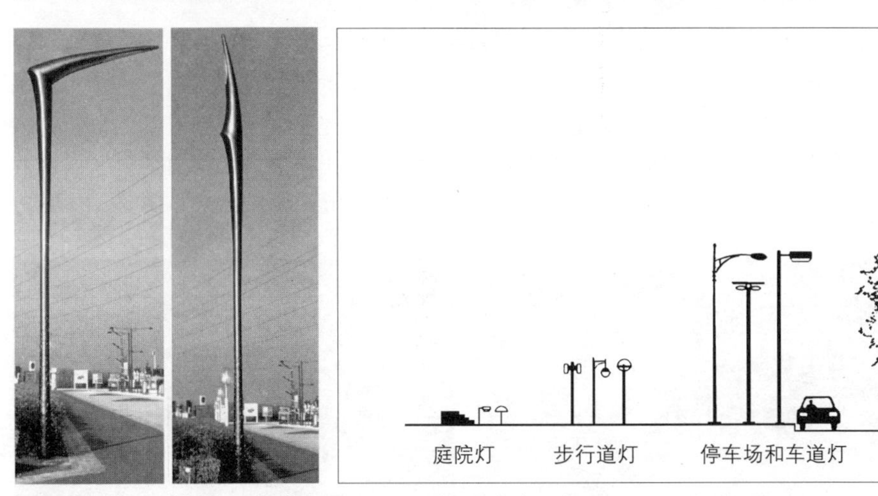

图 5-33　这是菲利普 · 斯塔克(Philippe Starck) 设计的路灯，由钢制成的悬臂在白天呈垂直状，到夜晚通过机械设备驱动变成倾斜状态

图5-34　路灯的高度示意图

距一般在 90 ～ 100m。多设置于立交桥、交通交会处、高速公路的立体交叉区、广场等场所。

高杆照明的特征：其一，高杆灯属于领域照明的装置，照射范围广，下面亮度均匀，具有导向性强的焦点和地标作用。其二，高杆照明有固定式、升降式两种，由于安装在车道外，便于维修、清扫而不影响交通，提高管理效率。其三，高杆照明方式简洁，眩光少，可以兼做景观照明，还能起到节能效果。其四，高杆照明的缺陷是投射光线溢出严重，导致光通量利用率低，初始投入大。

2. 装饰照明设施

装饰照明用于建筑立面、园林树丛、桥梁、商业广告和城市装饰设施中，其主要功能是衬托景物、装点环境、渲染气氛。在大型的或有多组装饰照明的区域如繁华商业街，由于其兼具道路照明的作用，在夜晚易形成醒目的环境区域，成为吸引游人的重要因素。美国著名建筑师约翰·波特曼认为："在一个空间周围的光线能改变整个环境的性格。"光的强弱虚实会使空间的尺度感改变。

根据装饰照明灯具的不同设置方式和照明目的，可将其分成两类：

第一类是隐蔽式照明方式。其光源（或灯具）被埋设和遮挡起来，只求照亮、衬托景物的形体和内容。比如园林树丛草坪中的埋设灯具和某些低位置灯具，应尽力避免突出自身的造型和光源所在位置，只需勾画出石、花、木的引人入胜之处（图 5–35、图 5–36），建筑物外围的射灯应该对建筑外墙和立面特色加以刻画；某些嵌入灯具的标识、广告，其内容要以直接或剪影的形式表现出来。隐蔽照明还广泛用于城市装饰设施中，如喷泉、水池、壁饰、雕塑、计时装置、花坛、护柱、踏步、护栏等。

第二类是表露式照明方式。这类经过设计配置的灯具，以单体或群体表现，造成夜晚独特的灯光景观，如园林中的石灯，水池中的浮灯，广告橱窗中的霓虹灯，节日的灯笼、激光束和探照灯，建筑外墙的串联挂灯，商业建筑立面和地面的发光板，某些与灯具同台共演的雕塑、灯光喷泉及造型艺术等。环境中的单体表露照明，除突出表现环境气氛外，还应注重灯具及支撑体的艺术造型。如果是群体，则以整体造型和色彩组织为主（图 5–37、图 5–38）。

图5–35　在广场设置的绿化景观灯，电脑控制动、静态同步变化

图5–36　公园中的树丛水景的照明处理设置

图5–37　主次分明的北海公园灯光景观

图5–38　草坪灯照明，适用庭院、广场、公园、停车场

（1）公园照明

公园是市民进行文化交流、休息、运动及其他社交活动的重要场所，已经成为传达、获取自然信息的主要窗口。公园对美化城市面貌和平衡城市生态环境、调节气候、净化空气等具有积极作用。因此，公园照明就是公园设计重要的内容之一，是公园环境设施构成部分。公园照明的特点是照明效果与自然相协调，如以求安全为主要目的的明视照明；以求与白天完全不同气氛的夜间饰景照明；以求表现环境特点的显示照明。

1）明视照明

以公园的开阔地带、绿化区域为中心的照明。由于要求表现公园主要场所的特点和人们集结的需要，此种照明可使用光源为 5 ～ 12m 高的柱杆式汞灯照明。

2）饰景照明

其表现手法较丰富；通过亮度对比表现光的协调；利用明暗对比显示出植物的深远层次；以环形光照射草坪、花坛形成有韵律的图形等；利用低照度的照明光源构筑安定的环境气氛；利用显色性适当的光源表现树丛和物体的真实色彩和质地特点；为了创造均衡的光效应，应充分考虑种植绿化的分布和空间性格。

3）柱杆式、脚灯式照明

柱杆式照明适用范围见表 5–5；脚灯式照明适用范围见表 5–6。

柱杆式照明 **表 5–5**

设施种类	特　征
高柱杆照明	适用于照射公园绿地、广场及种植植物丰富的场所。一般用高15～30m的高柱杆的投光灯照明
中柱杆照明	主要照射公园内道路、广场周围环境。一般用高10m左右的扩散型灯具照明
低柱杆照明	适用于公园的步行路及分散绿化群之间。一般用高4～6m的扩散型灯具，光扩散少，光照效果较好

脚灯照明 **表 5–6**

照明方式	脚 灯 式 特 征
垂直照明	一般以高10～100cm左右的照明。特点是构筑绿化群的气氛。适用于花坛和种植绿化带及园路
扩散照明	设置于树丛中及池边等处，使植物树丛产生明暗并与整体公园绿化产生柔和感

（2）商业街照明

商业街是人们生活购物、休闲、娱乐、交往等活动的重要场所，故商业街照明以确保安全，满足购物机能，提高生活环境的舒适性为目的，发挥适应机动车与行人交通要求，承载各种信息的作用。

商业街照明一般使用与商业街协调的照度，色温度、显色性较高的光源。商业街照明包括了商业建筑、设施、商店招牌、广告等综合性的照明与街灯照明（图 5–39 ～图 5–42）。

1）商业街照明一般使用三种方式

①串联式照明。有固定式、悬挂式两种。固定式照明采用定型的灯具，灯距一般为 60cm，

图5–39　北京东安市场照明

图5–40　天津金街的照明设施

图5–41　王府井的商业广告照明

图5–42　东京街头的照明设施

灯泡功率以 15W 为宜；悬挂式照明多用于建筑四角，采用防水吊线灯头，连同线路悬挂于钢丝绳上。灯距一般为 70cm，距地面高 3m 以上。串联式照明适用于显示建筑的外轮廓和增加建筑的装饰性，可根据实际需要配置数量，构成统一的空间气氛。

②投光灯照明。一般应用于建筑物表面的照明，给予建筑群体一定的色彩，形成统一的色调，有效地充实建筑空间机能，创造夜晚建筑的美感，渲染城市商业街气氛。投光灯照明方式应考虑需要照射建筑的立面照度水平。建筑立面照度水平由其材料的反射率及周围环境的明暗程度决定（图 5–43）。

投光灯的安装位置应根据建筑形体和周围环境而定，光源投射方向与观看方向应构成一个角度，才可获得立面突出的效果。为了表现建筑物的立体感，方形、矩形的建筑物光的入射角应小于 90°；

图5–43　用以增加夜晚建筑美感的投光灯

具有深凹变化的建筑立面，光的入射角以0°～60°为宜；建筑立面平整，光的入射角为60°～85°；为了清晰表现建筑立面的结构和细部，光的入射角为80°～85°。圆形的建筑物可设2、3个投射点，采用窄光束、中光束投光灯，光的入射角为90°以内。

③装饰性霓虹灯照明和挂灯照明方式。各种霓虹灯沿建筑轮廊边缘进行设置，可获得一定的美观效果，突出建筑的形体，构筑热烈、活泼的环境空间。使用挂灯照明，构成各种形状的灯光效果，增加了生动和活跃的气氛。

2）商业街照明的设计要求

①应注重结合具体街道情况及两侧的建筑物特征，形成各自不同风格的灯光环境。

②应做好整条街道照明的整体规划设计，突出重点的同时，照明还应该呈现出层次：高层的大型霓虹灯、灯箱、泛光照明等；中层的各种标牌灯光、霓虹灯、灯箱广告等；低层的小型灯饰、橱窗照明、POP广告灯光、脚灯等。利用变色、变光、动静结合的设计手段，营造出绚丽的有机的整体氛围。

③设置灯的方向以垂直于行人视线为原则，考虑结合人体的尺度。可对街道入口的构筑物、小品、绿化等进行单独布光，塑造节点效果。

（3）广场环境照明设施

广场具有面向社会的开放性、公共性。广场除了雕塑、喷泉、绿地等环境设施外，夜间照明成为广场不可缺少的环境设施，营造不同于白昼的意境。为此其照明不应仅利用单一方式，可统筹各局部的照明，形成整体性的照明效果。

广场分为交通广场、集会广场、商业广场、休闲广场等，是人、车、物聚集的场所。广场各部分由于功能的区别而使用不同的光源。在人们聚集的区域，可使用显色性良好的光源，在车辆通行的道路上则使用效率高的光源，集会广场作为节日人们聚集的场所，采取高柱杆的投光照明是有效的，但为了避免眩光可使用格栅或者调整照明的照射角度。

广场照明的设计要求：

①应着眼于广场的大小、形状、性质及环境氛围，从而确定照明方式、塑造照明气氛及创造光环境的艺术格调和情境。在照明方式上利用高、中、低柱照明和脚灯照明等互相配合，以烘托出广场气氛，表现广场和周围环境的特有性格和状况（图5—44、图5—45）。

②广场照明的光亮度、光的色彩应注意与周围建筑物照明风格相协调。为了取得照明的理想效果，按照被照明物表面材料的反射系数和周围情况决定照明的照度，见表5—7。

广场照明的亮度及材料反射系数参考 **表5—7**

表面材料	反射系数%	环境状况	
		明	暗
		照度（勒克斯）lx	
明亮色的大理石，白色、乳白色陶瓷材料、白色的石膏灰抹墙	70～80	150	50
混凝土、水泥砂浆、灰暗色石灰石、砖	45～70	200	100
灰暗色石灰石、深色砖、砂石	20～45	300	150
红砖、褐色砂石、带色木板瓦	10～20	500	200

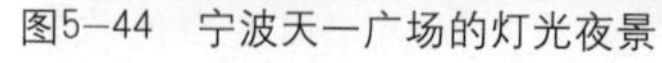

图5-44 宁波天一广场的灯光夜景

图5-45 广场的绿化景观照明

③在设计广场中各种雕塑体、纪念碑、喷泉等的照明时，应突出表现主体，彰显它在夜晚的作用，使聚焦主体和周围附属环境设施形成明显的对比。同时，通过光影绝妙映射处理，适当表现主体形态的细部，以显示它们的立体感和层次感，形成环境中的视觉中心。此类光环境以采用泛光照明形式较为适宜（图 5-46）。

我国目前环境照明使用的电光源为：白炽灯、高压汞灯、低压汞灯、高压钠灯、低压钠灯、卤钨灯、金属卤化物灯等。其中常使用的电光源为寿命较长、使用方便、经济、具有高发光效能的白炽灯、高压汞灯及高压钠灯等，见表 5-8 ～表 5-10。

环境照明电光源的特征及应用范围　　表 5-8

电光源	特　征	应用范围
白炽灯（包括反射型的碘钨灯）	光源的显色性强，适合投照红、黄等色。灯具轻便，但使用寿命较短。普通白炽灯泡的型号为：PZ220-40（PZ为普通白炽灯泡，220为灯泡的额定电压，其单位为V，40为灯泡的额定功率，其单位为W）	适用广泛，一般应用于无有害气体的环境中。道路环境照明白炽灯一般为 40W、60W、100W，个别场合下使用 500W、1000W 大功率灯泡
高压汞灯	具有较高的光效和高寿命，经济性较强	它是道路、小区环境等场所的主要照明电光源，照射树林、草坪等植物，使之产生鲜艳夺目的效果，400～2000W的光能适合投照不同规模的园林
高压钠灯	光照效率高，难以真实反映绿色植物的色彩和物体的质地。高压钠灯使用寿命较长，国际为16000～24000h，国内8000h以上	适合投照面积广阔的场所，已为当今道路环境广泛使用
金属卤化物灯	投光照效率高，显色性强	适合游玩、娱乐区域，投光照效率高，显色性强，广泛使用
荧光灯	光照效率较低	适合小范围的照明，适用于温度低的地区和冬天

图5–46　天津滨海新区雕像照明

柱杆照明埋深参考　　　　**表 5–9**

灯柱地面高度（m）	埋入地下深度（m）
2.5	0.5
3	0.6
3.5	0.8
4	0.8
5	1
6	1
7	1.4
8	1.5
9	1.5
10	1.5
12	1.5

配用不同封闭式水下灯泡灯具的性能　　　　**表 5–10**

光束类型	型号	工作电压（伏）	光源功率（瓦）	轴向光强（坎德拉）	光发散角（度）	平均寿命（时）
狭光束	FSD200–300(A)	220	300	≥40000	<25水平>60	1500
宽光束	FSD220–300(W)	220	300	≥8000	垂直>10	1500
狭光束	FSD220–300(H)	220	300	≥7000	<25水平>30	750
宽光束	FSD12–300(N)	12	300–	≥1000	垂直>15	1000

三、信息识别设施系统

当你在陌生的城市自由地穿行，却不会因为没有导游而迷失方向，这就是城市的识别系统所体现的价值。作为信息的媒介，为提高人们生活的方便性和信息的快速传递，信息识别系统环境设施作为城市环境的设施更加显出其重要性。

信息识别系统的环境设施，在环境计划中还未得到应有的重视，这类环境设施不仅仅作为单体机能的环境设施出现，作为复合机能互相联系的环境设施可以更好地发挥其社会效益，并可为今后投入系列性的信息系统环境设施的开发，对提高环境的质量具有一定意义。

信息识别系统内容广泛，有公共性的信息系统、控制系统、半公共性的信息系统及配景系统等，其具体内容包括从商品室内外广告及霓虹灯广告、商品陈列、商品陈列架、展示橱窗，到标志、商店招牌等。而公共空间中的信息系统常分为空间信息、操作信息和广告信息三类。

第一类，空间信息：它显示空间组成元素的信息，如地图、平面配置图等，可起到说明性的作用；通过引导来标示地点与方向，起引导作用；起提供名称、标示特定地点信息的作用，如路牌、地名、门牌号等。

第二类，操作信息：由控制、解说、布告三类构成。控制即指安全管理与设施使用上的指导，如注意、禁止或指示；解说即为内容说明与介绍，如使用说明板；布告即提供随时变动及临时发生的信息，如布告栏、留言板等，与之相近的还有各式阅报栏。

第三类，广告信息：指扩大认知与说服以争取认同为目的的信息，如欧洲城市中的海报塔、广告等。

广告、标识、看板等作为信息传播的介质有着密切的关联，由于其在城市公共环境中各有其职能，这些城市环境的构成要素作为公共环境设施的重要部分，在内容及形式上各有不同。

（一）标识

现代都市生活的快节奏促使人们为了提高环境的舒适性和便利性，系统地归纳与整合讯息，通过标志的视觉识别成为人们与空间、环境物沟通的重要介质，构筑了一种快捷的信息生活环境。

1. 标识的含义

如果缺少环境标识，可以想象城市将会变得如何混乱。标识是一种通过设计的视觉形式，以精炼的形象代表或指称某一事物，具有显著符号、图形的特征，它主要功能是简捷、迅速、准确地为人们提供各种环境信息，识别空间环境，是城市空间中传达信息的重要工具，是环境的最主要设施之一。它不仅要求与环境相协调，还可增加城市的繁荣气氛。其表现形式较多，主要是二维空间的平面设计与立体造型设计。作为传达信息的媒介，标识主要目的：首先，是为人们提供容易理解的城市环境构造，提供秩序化的信息；第二，通过形、色、配置的实体促使提高单纯明快的行动能力；第三，构筑地域性的标志以提高环境的整体质量，而且具有创造性构思的效果。

标识作为环境设施自古就有之，它是构筑集体生活、建设城市开始时便存在的。任何城市中均具有多种类型的标识设施（指示性、象征性、公共性标识等等）。如我国古代商业标牌、商号的标志；西方各国商店看板中的雕刻绘画文字看板，构成了街道的景观。环境标识设施按照自然的风景或者具有特征的建筑物、街道的景色而设置。

现今，人们的环保意识不断增强，环顾现在城市的环境，这类环境标识设施出现无秩序地泛滥，使城市环境的质量日益下降，使人们的视觉受到伤害。劣质的信息系统破坏着环境设施并影响了环境的质量，妨碍了有效的信息传达。为此，在环境设计规划中传达信息内容的这一机能的设施与环境的协调，具有现实的重要性。

2. 标识的分类

标识被定义为人类社会具有识别和传达信息功能的象征性视觉符号，犹如一个庞大的家族，包括领域标志、机构标志、会议标志、商标、环境标志、交通标志、公共标志等。本书下面主要详细介绍其中对城市环境起揭示与限定、引导作用的部分标志。

（1）领域标志

领域标志是城市及其所属各级区域的行政和社会徽记。城徽是城市象征的形象表达，是城市交往的符号信物。它是标识系统中的重要部分，但和商业标志、环境标识以及团体会议标志的根本区别在于它对较高层次的领域起着限定和强调的作用。城徽揭示了城市的主要特征。

城徽的使用由来已久，它与部落的集结和城邦的确立有着因果关系。早在古希腊时期，代表自己城市的印玺、旗帜和徽记，随着政治、经济、文化的交往和流通即已出现。直至11世纪后，城市在欧洲重新出现，其发展的核心已成为“自治市”或城堡。自此，许多欧洲城市开始确立了沿用至今的徽记。而我国的古代城市由于其相对封闭的文化特点，以及中央集权大一统的竖向行政结构是以神人合一的天子为封建级序的顶峰，各个城市没有自己的“徽”记，而只有通常以国号或地名的文字形式出现。

我们的城市历史源远流长，但是近些年才开始城徽设计。随着我国城市的发展，城市独立职能的扩大，城市与外界的交往已经成为必然之势。在20世纪90年代初，我国的许多大、中城市曾经酝酿过自己的城徽、城花。随着香港和澳门的回归，其区徽图案已经广泛运用于社会生活和世界舞台（图5–48、图5–49）。除了城徽之外，更常见的是企业标志以及在某地举办会议、活动的专用标记，这些标记应看作是个永久性标志。它以其明了生动的形象和深刻的内涵，揭示反映小至一个单位、大至一个城市的文化。

领域标志设计除通常标志设计所要求的简明性、易识、易记以外，还要建立一种生动的特有意象。它以艺术的形象或图案表示抽象的意义，并运用象征性、含义性和美术性手段使这种意义提升，实现设计者与使用者以及观赏者之间感情的相互沟通（图5–47）。

（2）环境标志

环境中的标识是一种大众传播的符号，是用形态和色彩将具有某种意义的内容表达出来的造型活动。一般由文字、标记、符号等要素构成。它以认同为基本标准，对提高城市公共空间环境的质量和效率，担负着不可或缺的角色。

标识系统由信码、造型和设置构成。

1）环境标识信码

指具有约定俗成的符号信息，必须具备易记易识、通俗自明的特点，具体运用方式有图形、文字、色彩等方面。

其中外形：几何的外围形状可以传达特定的含义。比如，圆形意指警告，不准某种行为的实施；三角形意指规限，限定某种行为的实施；方形或矩形意指信息，说明引导、指示、告示的简要内容。

图5–47　街道入口的标志　天津马场道

图5–48

图5–49

符号：一种特定的图形，作为具体的说明。比如，箭头（↑ ↓ ← → ↗ ↙）意指行进方向，可以表述上、下、左、右以及侧斜上、下、左、右等八个方向，常用于楼梯、电梯、房门、通道和建筑入口等处；三角符号或圈号加斜线意指警告和禁止，比如不准吸烟，禁止通行等；方框（□）意指告示，公布信息或指明上述符号以外的事故。符号可根据不同的使用目的与外形结合。

2）标识牌的造型

标识牌的造型是根据传递的主次信息、位置、观感以及环境的限定而制定一系列标准的，尤其是特殊地域中的标识系统。标识牌的造型处理不好，不但不能确切反映其特质和内容，而且在环境中易于造成环境意象的混乱。

标识牌高度一般应设定在人站立时平视视线范围以内，从而提供视觉的舒适感和最佳能见度。标识的固定方式有独立式、悬挂式、悬臂式和嵌入式等，它们各有特点，具体根据环境特点和经济成本而选择。

环境标志则以自身照明为宜。标识的材料运用较为广泛，常用的有玻璃、木材、陶瓷、搪瓷、不锈钢以及其他金属、化学材料等，制作方法以印制、镂刻、喷漏、电脑喷绘为主。

3）环境标志类别

环境标志类别一般由方向、方位、说明、信息、功能、招牌等形态构成，列入表 5–11 逐一介绍。

环境标志类别　　**表 5–11**

方向标志	是帮助人在陌生环境中发现路径和目的地所在，比如航空港、地铁站、展览馆、商场、医院等公共场所的方向标志等。方向标志应以易读性、可视性及位置的适当为基本要求。两个语种并列时，应有适宜的比例
方位标志	是指在某一特定的环境中提供使用者的一个参考标准。它被用来说明环境内个体间的地理位置及其关系。如地图、方位图、楼层平面图等。清楚、明了的方位图能使外来者对所处环境感到便利和安全
说明标志	是为某种用途而设计的解释性标志，一般是针对较为特别的主题，如地理特性、陈列物品、古董文物等而进行说明的。特定事物的说明不仅有助于了解环境内的个体，而且说明本身的设计也成为环境中的另一个视觉形象
信息	这里是指用于传达信息的广告宣传和产品说明的标志。例如日航空港内航班电子信息显示屏，它能不断传递进出航班的各种信息
功能	环境标识中的功能类别系指将室内各种空间按不同功能进行分类的标志说明。这种功能性的标志作为一种记号，只有在某种认同和规定的基础上，才能表达和指示空间意义上的功能。例如男女洗手间的人体标记语言或文字，更显单纯而直接
招牌	用于室内外及各种对外宣传媒体中，并对字体、大小、粗细、色彩、排列、组合、调节等诸方面，进行综合细致的推敲

其中商业广告牌常建于建筑和构筑物之上，形成了构筑物的第二次轮廓线，因此，应从材料、质感比例，甚至于色彩、灯光及所显示的信息等与建筑物、构筑物有机结合以烘托空间和建筑物、构筑物。这不仅是一个空间概念，人们在时间、空间的流动中还可感知、认识环境。

环境标识的发展趋势显示出标识形式的信号化和艺术效果的广告化。一方面，信号化的标识设计要着重考虑其应具备的强烈的刺激性、识别性和记忆性；另一方面，广告化的标识设计在视觉上要具有冲击力和赏心悦目的艺术性。当代标识大量运用新的设计观点、新型材料和与其相适应的制作工艺，以及现代化的声、光、电等手段，以求保持视觉及公共环境的高度秩序和建筑空间与公共场所的高品质视觉效果（图 5-50）。

（3）交通标志

在交通量成倍地增大，在同一个城市环境中如各种交通工具、速度、运输手段、运行系列等不同的情况下，尚需研究和处理人与交通工具的管理、控制方式的多样化的问题。例如，在道路险要地段由于缺少必要标识牌而增加交通事故发生的可能性问题。

交通标志设置影响着人们行动的路线，故其应置于各种场地出入口、道路交叉口、分支点及需要说明的场所，与所在位置无论尺寸、形状、色彩均应尽可能相协调，并与所在位置的重要性相一致。一般标志牌有支柱型与地面型两种。重要标志可利用光、声等综合手段，强化其标志的指示作用。城市交通标志包括各种车的行驶方向的标志、经过地点的标志、停车场标志、街巷功能标志、禁止交通标志和慢速行驶标志等，见图 5-51。

（4）公共设施标志

公共设施标志即城市一般设施的引导性标志和商业标志以及具有一定文化特征的观光标志。设计独特性强调了标志应简单明了，具有较强的科学性、解释性，尽可能采用国际、国内通用的符号传达信息，使不同国籍、不同语言的人均可识别。

需要以国际化的图形，即绘画语言这种形式来沟通不同国籍人们的思想，冲破语言的障碍，使人们能够在世界范围内取得共同的认识，自由地行动。为此首先于 1947 年 8 月，在国际日内瓦会议上通过了国际交通标志的制定和普及提案。因为这个提案的交通标志属单纯明快的设计，易于世界各地人们理解，所以在欧洲大陆各国广泛使用，并在全世界普及。接着各种国际活动也陆续提出了各类国际通用的标志。在一些特殊的场所，常要求将信息传达

图5-50　环境标志铺装在道路上指示方向

图5-51　交通标志

图5—52

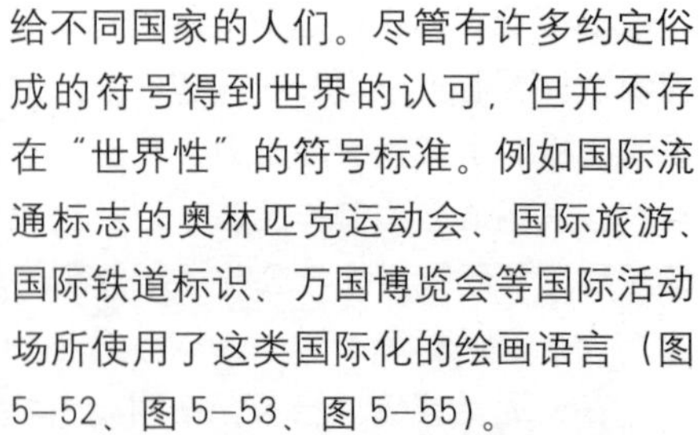

图5—53

图5—52、图5—53　汉城奥运会的标志

给不同国家的人们。尽管有许多约定俗成的符号得到世界的认可，但并不存在“世界性”的符号标准。例如国际流通标志的奥林匹克运动会、国际旅游、国际铁道标识、万国博览会等国际活动场所使用了这类国际化的绘画语言（图5—52、图5—53、图5—55）。

1963年春，在荷兰成立了国际图形设计团体协会（Lcograda）向世界各地招募国际性标志。首次招募的主题包括信息和确认、方向指示、规制和警告三大类24种，1967年在国际图形设计团体会议上发表。但是在实际使用中由于文化、语言、思维方式等不同，各国和各国际团体对同一意义的标志在设计上仍有不同的图形表示，而构成略有区别的标志。今后为了超越世界一百多种语言的障碍，而制定规范的高度统一的各种标志，还有一段艰难的路程（图5—54）。

（5）旗帜

旗帜由“旗”和“杆”两部分组成（旗

图5—54　公共设施标志

图5—55　悉尼奥运会的标志设计

帜在视觉上也具有广告类型的特征，这里为简明起见，将其纳入到标识范围分类中）。旗杆分独立式和墙嵌式两种，因墙嵌式对建筑功能和景观有一定制约性，因此以室外环境中的独立式为主。

旗杆有缆绳内藏和外挂之分，为防止缆绳露天损坏和风动的声响，多设计成缆绳内藏式。旗杆对基础和杆材的要求自不在话下，从设计角度上看，主要侧重于旗杆的位置、基座、间隔、高度，以及杆前空地与建筑、街道的关系（图 5–56）。

旗杆的间隔与高度有关：5 ~ 6m 高旗杆的间隔为 1.5m 左右；7 ~ 8m 高旗杆的间距为 1.8m 左右；9m 以上者的间距为 2m。另外，不同场所内，旗杆的设置间距也有所不同，但一般皆在 1.5 ~ 3m 之间。

3. 标识的表达

以上各种标志，在实际的设计过程中，具有以下具体的表达方法：

（1）文字表达

文字是最规范的记号体系之一，标志较多地利用文字，能够确切地传达信息。文字的特点是传达确实的信息。但是在信息较多的情况下，文字难以获得瞬间的视觉认识，因此单纯使用文字迅速地传递信息是较难的。字体的规范、清晰、内容的准确等，对于处于运动状态的人们的识别尤为重要。研究表明，粗壮的黑体字和圆头字等在一定的尺寸和距离范围内都易于使人在高速运动中识别且信息传达快速。深底白字比白地深字的扩张性强，传达速度快。字体被照明时，饱和度、明度高的颜色反光和透光性强（图 5–57、图 5–58）。

（2）符号表达

能够在短时间中传达较容易理解的语言意义的情况下使用，起了瞬间理解的标志的作用。其中以符号为代表，例如：以符号表现文字应注明“向左”、“向右”的方向；厕所以男、女形态的绘画表示等。一般情况下，语言过于直接会造成不良的感觉，但使用绘图记号表示可以取得柔和、委婉的效果。其具有较清晰的传达信息作用，即使不认识字的人也能较好理解。特别在国际交

图5–56　美国赛勒姆州立大学旗标具有导向、说明作用

图5–57

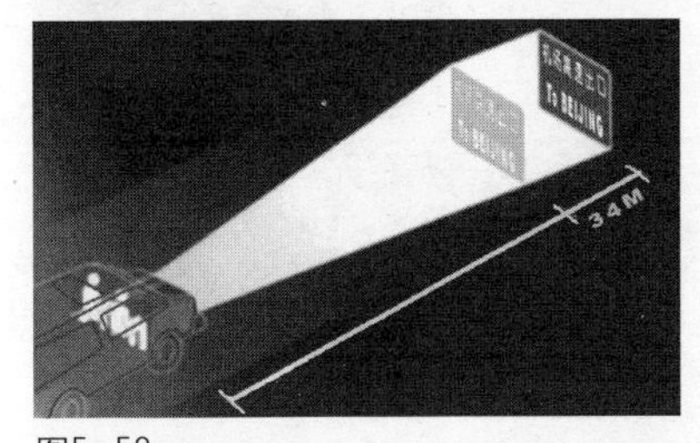

图5–58

图5–57、图5–58　CLEARVIEW粗黑，圆体成为标准公路字体，在黑暗中以时速80km以上行驶，驾驶员可早34m看见

流的情况下，各个不同语种的人们聚集一起，绘图记号这类标志性传达信息形式，起了极大作用。但是有时也难免造成不必要的误会，因此绘图记号首先应采用国际社会中已经普遍通用的记号。对于新构筑的绘图文字应采用共同性和易理解的记号。

（3）图示表达

使用地图形式的引导牌就属这类形式。引导人们认识城市的构造，或者确认建筑方位，或者为了了解具体设施的特征而加以表示，一般用照片、平面图、地图构成引导牌，通常为了适合其引导的目的，以简略化加以表现。对于信息较丰富的引导牌应有必要考虑各种表现方法（图 5–59 ～图 5–62）。

（4）立体物表达

在公共场所以立体物作为表现标志环境设施，更有利于体现环境设施本身的标志机能，有利于人们的视觉认知效果，按照其视认性，作为标志而被利用。例如为了限制车辆的速度以警察的人形或汽车形表示其目的；在垃圾箱前人们只要仅仅观察其形态特点，便可知道它的功能（图 5–63 ～图 5–72）。

图5–59

图5–60

图5–61

图5–62

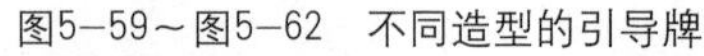

图5–59～图5–62　不同造型的引导牌

图5–63　伦敦的广告塔

图5–64　罗马的与绿化组合的广告塔

图5–65　指示路标 韩国首尔

图5–66　广告信息塔 美国

图5-67　时装中心的标志　美国

图5-68　环境标识　美国

图5-69　广告列柱　北京

图5-70

图5-71

图5-70、图5-71　指示牌　美国

图5-72　指示牌 韩国首尔

(5) 色彩表达

色彩具有确实的表达意义，作为社会性共同规律的色彩，完全能够加以充分利用。众所周知，交通信号红、黄、绿三色具有特定的意义。而且色彩本身也具有其特征，色彩与人的心理反应具有一致性，如红色表示热情、危险；蓝色表示平静、理智；黄色表示光明、希望。在应用上，红色表示了交通方面的信息；绿色表示邮政方面信息；黄色用于表示商业或旅游方面的信息。而且作为不同类型的标志牌，应有不同风格的色彩。因此，对色彩的特性，设计时应极为重视。

另一方面，在利用色彩作为传递方式的情况下，以色彩的差别而加以区别化，可获得整体的辅助效果。例如，世界各地的地铁的色彩按照线路区别而分别用不同色彩；在美国使用不同色彩表示停车地区的差别，如白色表示残疾人用车的停车场，绿色表示一般停车场，红色表示禁止停车，黄色表示允许停车时行李货物的存积场所等（这些情况下，经常与文字并用）。

使用色彩要求注意以下方面：其一，大众对色彩的类别和记忆能力有限，一般仅限于 3 ～ 5 种色的判别能力。为此，色彩不可过多使用，否则导致信息过量，难以正确传递。其二，按照内容设置色彩具有一定的基调。根据整体使用情况基调与内容相统一，产生有效的作用。对于基调而论，也应有统一中求得变化的色彩。其三，特定意义所使用的色彩。如红色表示禁止和注意、消防、道路信号等所限定的标志色彩。除了以上法律规定的使用色彩外，也应重视视觉机能的色彩使用。文字、图形及引导地图等也应使用引起直观效果较佳的色彩。

（二）看板

看板是告示板和宣传栏的统称。随着时代的发展，信息展示板的形式和种类也是千变万化，出于日本的“看板”一词，能够概括这些内容并具有适应性的称谓，本意是通过版面，供人阅读了解发送的各种信息。

它在城市环境中多置于街道、路口、广场、建筑和公共场所出入口等处，为人们提供准确详尽的情报信息，成为城市生活的一部分。看板的分布范围很广，所提供信息的内容也各有不同，包含商业情报、声明告示、询问说明、引导介绍等大量的信息展示板以及近来出现在城市街道上的电脑问询设施及大型电视屏幕、电子信息板等。由此看出看板的种类之丰富。

按看板面幅和长度分类，通常的是边长小于 0.6m 为牌，长度大于 1m 的几何形板面为板，较长的为栏，最长的称为廊。

看板在设计中应充分考虑以下几方面：

第一，在设计时需注意开启方式及其密封性能，以便于内容的更换、照明、维护、管理，并防止雨水侵入。

第二，独立式看板的设置，以街口、建筑和公共场所出入口、广场出入口附近为宜，不可在环境中过于醒目，又要易于被发现。尤其在风景和古旧建筑保护区，对看板的高度、面幅要进行规定限制。

第三，看板在城市环境中还分担着装饰、导向、分划空间的职能，因此需要统筹和综合设计。如在环境设施布置较密集的场所，为争取最大的活动空间和丰富的环境意象，看板需要一定的雕塑感，且能与计时装置、照明、亭廊以及建筑处理等有机结合是最佳选择（图 5–73 ～图 5–76）。

图5—73

图5—74

图5—75

图5—76

图 5—73 ～图 5—76　形式多样的看板　美国

（三）公共电话

电信业的迅猛发展，手机使用大大普及，无线通讯对固定电话造成冲击，但人们还是感受到公共电话带来的方便和舒适（私密性）。利用公共电话上网，进行定位、导游、购物不久将来即可实现。电话亭的设置也可体现城市风貌，丰富空间环境，成为公共景观的组成部分。

1. 公共电话形成与发展

1877 年美国的物理学家、发明家贝尔（Alexander Grahan Bell 1847 ～ 1922 年）创立了贝尔电话公司。由此，电话机的发展史至今已经历了一百多年。随着社会的不断发展，电话机的性能、结构、造型等均得到了不断的发展，电话机的使用也随之普遍，已经成了当代人们生活中不可缺少的工具，它对传送信息、沟通联系、改善交通起到极为重要的作用。据报道，广泛利用长途电话可以减少交通压力，产生巨大的社会节约。目前在我国长途电话业务量中，有 14.4%可代替用户乘飞机出差，69.6%可代替用户乘火车、汽车、轮船出差，长途电话代替用户出差的总替代率为 84%。抽样调查显示，长途电话业务中，生产业务联系可占 57.6%，行政公务联系占 28.5%；生产业务联系电话中 88.4%可代替出差，行政公务联系电话中 84.9%可代替出差；生活私事联系电话中 65.6%可代替人去办理，为改善交通起到极为重要的作用。当然，电话机的使用开始于家庭或工作环境中，随着人们室外社会活动的不断增加，为了及时取得联系，出现了室外的公用电话。日本早于 1900 年将公用电话设置在街头，1953 年红色的金属材料制成的圆顶方形电话亭成了街头的环境设施。现代感强、由金属材料制成的大玻璃透明的电话亭于 1964 年使用，1969 年以后开始普及直至现在。

目前电话的普及率已相当高。我国的话机数量激增，世界几大电信巨头纷纷在华建厂，促进电信业快速发展，不仅固定空间中使用电话，在流动空间中也随时可使用电话（如车载电话、携带电话等），城市公交车上也安装了投币电话。电话机的功能也越来越丰富。投币电话、磁卡电话等的普及，电话与传送、电话与电视等复合型功能电话的出现，给人们生活、工作带来了新的意义。

2. 电话亭的设计

（1）电话亭设置类型

公用电话亭的形态大致分为箱型电话亭（封闭式）、柜台式电话型和台式电话机型。常以封闭隔声式、敞开式和附壁式三类来划分。材料以钢化玻璃、有机玻璃和金属结构为主。电话站普遍呈现出具体的建筑形态，常依附在主体建筑旁或位于住宅区出入口处。随着方便、简易电话亭数量的激增，各种网吧、话吧的生意兴隆，电话站处于被替代境况而将消失。

箱型电话亭作为公用电话使用的历史较悠久，也是世界范围内普遍采用的形式，多设置于公共绿地、广场等宽敞空间（图 5–84、图 5–85）。箱体的尺寸一般高为 2.04 ～ 2.40m，面积为 80cm × 80cm ～ 140cm × 140cm；残疾人使用的专门电话亭的面积略大些。材料一般采用铝和钢为构架并嵌装玻璃。自巴黎使用了强化玻璃、装饰简洁性高、更富于现代感的箱型电话亭后，钢化、有机玻璃开始流行（图 5–78）。

由于不受箱体框架结构的束缚，适于设置在城市较窄的街道、路边的敞开式公用电话亭，形态可以更加多样化。世界上涌现了许多这种出色的电话亭设计，材料一般为不锈钢、塑料和有机玻璃等，其尺寸一般高为 2m，深度 70 ～ 90cm（图 5–77、图 5–79、图 5–81 ～图 5–83）。

图 5–77

图 5–78

图 5–79

设置于墙壁上的附壁式公用电话，其材料以塑料为主，色彩、肌理等随环境的不同而千变万化（图 5–80）。

（2）电话亭设计要点

①要与环境相协调，创造出不同地域的具有独特风格的电话亭。电话亭设置的疏密应视人流数量频率及环境性质而定，电话亭可独立设置，也可两间或四间联列甚至组群集中。特别是在观光地、商业街及大型开发办公事业区，新的电话亭不断出现。在步行环境中一般以 100 ～ 200m 间隔设置。

②电话亭需具有较好的透风性、挡雨功能。

③电话机放置高度需考虑不同年龄层的使用者的要求，电话机面板的设计应简洁易识。

④要满足人们有时对于私秘性的要求，电话亭的空间处理上要将私秘性和通透性协调结合是对设计者提出的挑战。

据报道，英国伦敦的金斯格罗斯车站使用了一种电话，是由装有一块小型显示字体的荧光屏幕和打字键盘组成，使用时键盘就会自动伸出。聋哑人使用时，先拨电话号码，电话接

图5–80

图5–81　海外各式的公用电话

图5–82

图5–83　可方便书写与倚靠的电话亭　昆明

图5–84　在澳洲公园中使用的木制电话亭

图5–85　在街头传统的木制电话亭　美国

通后就可以通过打字和屏幕上显示的字句传递信息，在键盘上打出要传的字句，对方即在屏幕上清晰地看出，无论对方是否聋哑人均可使用。其更加适合人们的紧张的生活节奏，这类小型的台式公用电话的功能与特性也越来越科学化、合理化，操作简便。

（四）邮筒

邮筒主要是以邮件的收集为目的，要求投取便利、信件安全并与交通繁忙处保持一定距离。邮筒形式有独立式、壁挂式和埋入式三种。

设计上保持鲜明特色，色彩采用万国邮政联盟规范的橄榄绿色或棕黄、红色，避免淹没于纷繁的环境中，耐腐蚀且较坚硬的铸造金属类被广泛使用。

邮筒是公共事物色彩浓厚的设施，在设计上也就考虑地域性的因素，式样、规格、色彩、材料和造型均采取统一状，使之呈现出安稳、信赖、亲和的意象（图 5-86 ～图 5-88）。

（五）音箱

音箱多设置于广场、公园、居住区等公共活动场所及大型建筑中。造型各异，形式多样，有的被做成装饰物隐匿于绿地中，提供背景音乐或信息传递。有只闻其声，不见其形的意境。

多媒体、可视化信息技术，是将声音、文本、视频、动画、模拟仿真、通信等技术融为一体的信息处理和表现技术，实现了信息交互的多元化、同时化与实时化，可以进行环境与场景及空间造型的动态仿真。在国外，许多研究机构和规划部门都在实现多媒体、可视化支持信息系统方面进行了尝试和探索，取得了令人关注的成效。

近年来，我国部分城市规划设计机构已在尝试运用规划支持信息系统向多种信息技术一体化方向发展的可能性。深圳市城市规划在新中心区规划设计中采用了模拟仿真模块与 GIS 模块集成的方法，使系统不仅提供三维的模拟仿真漫游功能，而且同时能提供相关空间信息的查询、检索功能。

图5-86　瑞士街头的邮筒

图5-87

图5-88

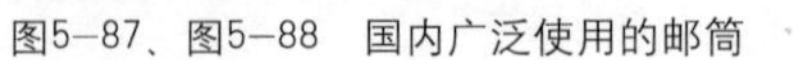

图5-87、图5-88　国内广泛使用的邮筒

四、公共卫生设施系统

在公共环境中，设置收集各种不同废弃物的设施至关重要。维护城市环境的整洁、卫生而设置的各种功能不同的装置，统称为卫生系统的环境设施，有垃圾箱、烟灰缸、饮水器、洗手器及公共厕所等。不仅能满足人们对整体环境视觉上美的需求，而且是人们在公共活动中身心健康的必要条件。一般将垃圾箱和烟灰缸、休息的设施组合设置，也有设置于广场、公园、公共汽车站、自动售货机、贩卖亭等公共环境中，使用简单、方便。在德国，人们使用一种电子垃圾箱，装有感应器，垃圾投入箱内，感应器反应启动录音机播出音乐，深受人们欢迎。

（一）垃圾箱

垃圾的处理方式，不仅关系到环境的质量和人们的健康，而且反映了该地区的文明程度和人们的素养。要收集的废弃物种类、数量庞大，诸如纸张、纸板、玻璃、金属、塑料、落叶，甚至各种电池。其设计首先应考虑使用功能的要求，即具有适当容量、方便投放、易于清除。为了易于清除垃圾，按照使用频率、所处环境和清除的次数，人们创造了许多好方法，如经常性清除的垃圾箱可无盖；在垃圾箱内可悬挂塑料卫生袋，以便换取；用金属环支撑的塑料袋；在垃圾箱内另附一只套筒以取出垃圾倒空。垃圾箱的材料一般有：预制混凝土、金属、木材、塑料、玻璃纤维、大理石等。根据耐用度、外观和价格而决定其材料。

集中处理垃圾装置的形态、造型、色彩和所用材料等处理是否得当，对环境品质产生非常大的影响。若体形过大，色彩又很鲜亮，就会成为空间环境中较为醒目的角色。如被称为“冰山”的设施在西班牙马德里街道上显而易见，这种装置分地面、地下容器两部分，由高强度的深色塑料制成，地面部分配有信息嵌板和防雨投入口，地下部分是用来收集玻璃、塑料、废纸的收纳容器，象玻璃瓶等废弃物在重力作用下通过投入口进入下面容器。其优点一是占地表空间小，容量却很大，二是美观、清洁，还可防止废弃物被移走（图 5–89，图 5–90）。

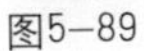
图5–89

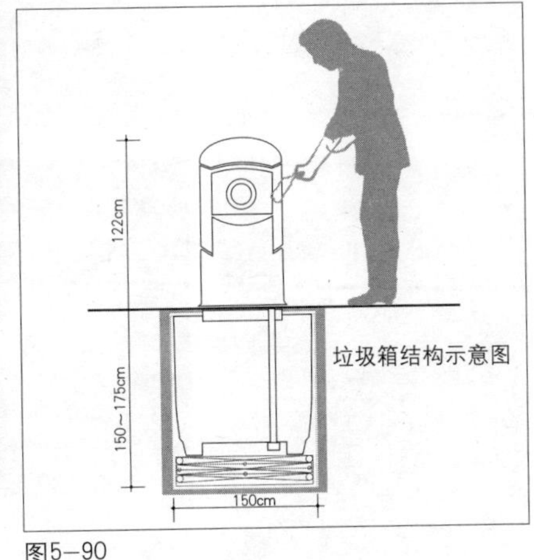

图5–90

图5–89、图5–90　是由ALLIBRT DEVELOPPMENT URBAIAN制造，为城市提供安全、美观、清洁的垃圾回收方法

1. 垃圾箱的分类

按垃圾箱的设置方式分类，分为地面固定型、地面移动型、依托型；按清除方式分类，分为旋转式、悬挂式、连套式、启门式、抽底式（图 5–91）。

第一类，地面固定型。一般设置于人流量较少的道路旁、广场边。特点是不易被移走、破坏，便于管理。

第二类，地面移动型。一般形体较大且单独摆放，也有与其他环境设施配合设置于人流

图5–91　国内公共环境中部分垃圾箱

变化和空间利用变化较多的场所，如广场、公园及较宽广的街道等空间场所。

第三类，依托型。一般固定于柱、墙壁等处，可设置于人流较多的狭小的空间场所。依托型垃圾箱一般形体较轻巧。投入口的设置高度为 60 ~ 90cm 为宜，清除垃圾方式应尽量地简化。

垃圾箱的设置应按照实际场所和人流情况而定。

2. 垃圾箱设计的要求

第一，在交通要道节点、人群集中和自动售货机地点附近，最容易产生小量、快速、游移性质的垃圾。因此，对设置在这些地方的垃圾箱的要求是数量多、容量小。

第二，垃圾箱的机能应是简便的，特别在开启盖子设计方面应注意便利性，易操作性。为了使设置于公共环境中的垃圾箱能与环境融合，应注重垃圾箱的形象艺术化，色彩明快，形态简洁大方。

第三，垃圾箱多设置于室外，受到日晒雨淋的侵扰，故要做到防雨防晒，设排水孔，避免制造新的污染源。

第四，采用不同的标识、色彩来划分不同垃圾的投放。如绿色代表可回收垃圾、黄色代表不可回收垃圾、红色代表有毒垃圾等；德国以玻璃瓶、塑料瓶、纸盒纸袋和塑料泡沫袋 4 个图形代表不同垃圾。如图 5—92。

（二）烟灰缸

虽然许多公共场所都有禁止吸烟的规定，但有的公共场所还是为烟民专设了吸烟区。这样既解决烟民的需求，又使其对其他人与环境的影响减少到最低程度。鉴于我国烟民数量的庞大，应尽可能在各环境场所中设置烟灰缸设施。

烟灰缸大多设在休息场所、道路边、公园和广场内。烟灰缸的高度一般以 60cm 左右为宜。而按吸烟形式的不同来设置烟灰缸的高度，为行走的烟民设立的高度以 90cm 为宜；为坐着的烟民而设立的高度以 45cm 为宜。按烟灰缸的造型基本分为有直竖型、柱头型、托座型三种，并有与长椅、垃圾箱等环境设施相配合使用的方式。

图5—92

直竖型，一般不单独设置，经常与垃圾箱、休息椅等统一配置组成一个协调的环境设施。其尺寸应与坐姿相适应。烟灰缸的设置距离应与休息椅相邻，便于使用（见图 5—93）。

柱头型，一般设置于街道路边，特别是人们滞留的交通交汇点或者公共汽车站，人的站立高度应作为设计的基本思考条件。

托座型，（图 5-94）经常附着于街道的壁和柱上，显示其轻巧感，一般上部为烟灰缸，下部为支架；也有烟灰缸与垃圾箱结合使用的，上部为烟灰缸，下部为垃圾箱，但烟灰缸的底部较浅，易于清洗。总之，烟灰缸的造型应与环境统一，具有功能美的特征。

（三）饮水器、洗手器

饮水器是在公共环境中为人们提供饮水的设备，是欧美各国的公共环境中常见的卫生设施。由于我国许多城市为缺水城市，以及在人们的生活习惯、水源的防污染、水质的提高等方面存在问题，所以只有少数城市设置这类设施。随着城市规模的扩大，人们室外活动的增加，文明程度的提升，饮水设施会越来越多地出现在街头、广场、公园内。饮水器和洗手器可以认为是现代人们生活不可缺少的室外环境设施（图 5-95 ～图 5-100），是构筑城市环境的重要条件，同时也具有精神意义的作用，提高了环境的娱乐性、卫生性。可喜的是在一些城市的大型购物中心、超市也配备了饮水装置，反映了人性化的设计思想。

饮水器设计要点：

第一，在城市人流密集地带及休息场所附近，如绿化地带、公园、广场、儿童乐园的沙石场等处，设置饮水器、洗手器方便大人、小孩饮水、洗手、洗果品等。同时要考

图5-93　带有显著的标识

图5-94

图5-95　提供一次性纸杯的饮水装置　天津

图5-96　饮水、洗手器应方便儿童的使用

图5-97

图5-98

图5-99

图5-100

图5-97～图5-100　各种形式的饮水器和洗手器

虑管理条件和水管安装条件，不易排水或不卫生场所尽可能不要设置。

第二，饮水器的基本形体有多种，有方、圆、角形及互相组合的几何形体、象征性造型。饮水器一般用混凝土、石材、陶瓷器、不锈钢金属等材料制成。

第三，饮水器的构造有喷水龙头、开关、水盆、支座、给排水管等。根据使用功能和使用对象的不同，其出水口设置的高度有所不同。出水口的高度如统一设置，也可改变踏步台的高度。一般地面至出水口的高度为 100 ～ 110cm，低处距地面为 60 ～ 70cm，踏步台的高度以 10 ～ 20cm 设置为宜。

在现代化的城市中，设置饮水器、洗手器不仅使用方便，对于培养人们的卫生习惯，提高人们的健康水平和素质也具有一定的积极作用。

（四）公共厕所

公共厕所是公共场所不可缺少的卫生设施。随着城市的发展，不断增加公共厕所的数量，提高公共厕所的卫生设备质量及加强管理，显得更加迫切。在不少城市中公共厕所仍是人们生活中最欠缺的设施，尤其是能够为残疾人、老人提供服务的公共厕所，包括我国许多大城市还不能 100% 提供无障碍性的公共厕所。在北京、天津等城市已有 30% ～ 45% 公共厕所达到无障碍性。

1. 公共厕所的类型

公共厕所是为居民和行人提供服务的环境卫生设施，主要有固定型和临时型两类。临时型又有临时固定式和临时移动式两种形式之分。也有从结构上分类，分为板制组合式、车轮移动式等。

20 世纪末在欧洲，特别是法国的巴黎等大城市，出现了一种收费无人管理的自动厕所：仅供一人使用，当使用完毕后，由传感器系统自动冲洗便池等。由于这类公共厕所体积小，造型美观，管理、使用均方便，特别适宜设置在繁华街道附近，因此迅速出现在许多公共环境中。我国的部分城市已相继出现车轮移动装置的流动厕所，为拥挤的商业街、游览场所提供了方便的卫生设施（图 5–101）。被称为不受性别限制的“第三空间”的无性别公厕，2004 年已在京、津等地投入使用。

图5–101　可移动的公厕，旋转的门可使其造型小巧，节省空间

2. 公共厕所设计要点

（1）公共厕所的设计以卫生、方便、适用、经济为原则，其作为景观建筑也应与周边环境相协调，视觉明确，要避免公厕在公共场所中过于突出。为易于识别，可通过路标和特殊铺地等予以引导、指明，可利用绿化进行半遮挡、

景观物化及采取与其他设施的连体结合等方式（图 5–103 ～图 5–105）。

（2）公共厕所常设置于广场、码头、车站、商业街等场所。按我国城市建设环境保护的规定：公共厕所一般设置于广场和主要交通干道两侧。一般街道设置间距为700～1000m；商业街设置间距为300～500m；人流密集的场所则控制在300m以内，配置流动小型公厕。公共厕所建筑面积规划指标，见表5–12。

公共厕所建筑面积规划指标 **表 5–12**

场所	公厕建筑面积（m^2/ 千人）（按一昼夜最高流动人数计）
广场、车站、体育场、码头等	15～25
居民聚集稠密区	20～30
街道公厕	5～10
新住宅区内	6～10

（3）公共厕所的男女便位设置的比例为1：1或3：2。避免出现女厕排队现象（图5–102）。大便便位尺寸为1.00～1.20m×0.85～1.20m；小便便位站立尺寸（含小便池）为0.70m×0.65m（深×宽）；小便器间距为0.80m；厕所单排便位外开门走道宽度以1.30m为宜，双排位外开门走道宽度应为1.50m；便位间的隔板高度自台面起不低于0.90m。

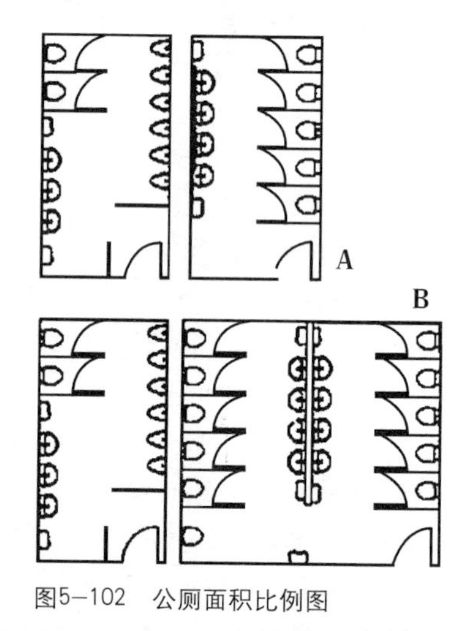

图5–102　公厕面积比例图

（4）公厕的通风、采光、节能、环保等问题，也是设计师努力解决的难题。据报道，英国运用现代科技设计一种免冲水的小便器并付诸使用。北京街头出现“概念厕所”，除太阳能和中水技术的利用外，主要是生物除臭和生态净化技术的应用。建筑的采光、通风面积与地面积比不应小于1：8，外墙采光不足可加天窗。公厕建

图5–103

图5–104

图5–105

图5–103～图5–105　造型多样的公厕

筑墙面要减少凹凸起伏或漏窗、线脚、女儿墙等装修，以保持外观的清洁感。我国城市的公厕大多开始使用高效、节水的智能设备。如感应自动冲水、关闭系统等。

(5) 公厕室内设有供纸、烟灰缸、垃圾箱、洗手、烘手等设施。便位的隔板最好采用水磨石或水刷石，地面应便于冲洗且防滑。

(6) 应充分考虑无障碍设计。公共厕所进出口处，必须有明显的中文和标志，国家一类厕所及涉外厕所需加英文。

五、休息设施系统

休憩空间具有多重面向的空间机能，如学习、休闲、运动等。部分休憩空间以自然生态的保护为着眼点，如国家公园。但绝大部分则以视觉、心灵或体能上的休息及娱乐为主，如博物馆、图书馆、游乐场与社区公园等。休憩空间的存在，系一种精神文化的指标，其场所意义则成为机能性的符号环境。

休息系统由椅、凳、桌、遮阳伞等组成，它们是公共环境中常见的基本设施设备。椅凳所在处往往成为吸引行人聚集休息的场所。按照人们的需求而设计的休息场所是与街道空间相对应的静态空间。人们会在此边休息边交谈，眺望街景或饮食等。一个步行的人不仅仅是行走行为，有时或停或驻，一般来说也存在休息这一行为，而休息也不仅仅为体能的休息，还包含了人的思想、情绪等综合性的精神因素。以上所述即构成了基本的环境休息系统设施的特征。

休息系统中以椅凳为主，椅凳体现了一定的公共性，它们的设置必须适应多种环境的需求。休息、观赏、交谈和思考等是人们在公共环境中凭椅凳而生的主要形态和行为，因此椅凳应尽量设置在安静的环境中，并要便于行人使用。休息系统中利用率最高的是椅凳（长椅、座凳）。因为许多空间环境的氛围往往是围绕着椅凳而形成的，椅凳在环境设施中具有特殊的意义，是环境景观中的重要要素。

（一）公共椅凳

不管生活方式如何的多样化，椅凳作为常见的环境设施，却能够成为文化传承和交流、人们情感协调的纽带。公共椅凳可供人们休息、读书、思考、交谈等，与人直接接触，是供人们直接利用的环境道具。为此，公共椅凳的形态、色彩、材质感等对整体环境有着一定的影响，不仅在公共椅凳自身设计方面，而且在椅凳的设置方法上，也应因综合的因素加以细化。

1. 座凳

座凳在中国、日本及近中东地区使用较多，具有东方色彩。椅以欧洲为中心使用较多。凳最初作为建筑物的附设部分，设置于走廊和缘侧。座凳可供人们坐、躺、睡，夏日纳凉、日常下棋等（图 5-107），更重要的是可为人们传达信息。作为媒体，这种座凳的设计方法具有民族特征。凳与椅相比，它无靠背、扶手，面积较小，无方向性，配置可以随意、自由使用和移动，具有实用的优越性；在形态设计方面，强调造型的多样，在人流量较大的场所，如街道、广场及公园等公共区域中设置，不仅供人们休息，还可兼作止路障碍。

图5-106 在绿地中提供休息与交流的设施

图5-107 以石质象棋子造型的公共座凳 天津梅江

2. 公共椅

(1) 公共椅依照情境可大致有以下几种

1) 安逸的思考形，即基本的椅形式，不管以何设计理念作为出发点，都是为了形成空间中最为舒适且安静的环境而设想。

2) 短时间的小憩形，有时在狭小的空间场所，使用周转频率高的场所，如车站的候车椅、公共椅常常无法满足人们坐、卧、趴等需求，其形式有的被转化为简单地横杆，其功能只是分担部分体重而已（图 5-109）。

3) 与公共椅无特殊关联，但由于生成形式恰巧满足了休憩功能，或者在设置上弥补了休息椅需求的空隙，转借为替代形式。如图 5-110 是以休息设施兼用作止路障碍物，与交通安全栅及种植绿化平台、拥壁合为一体。有的与雕塑的座台配合使用。

(2) 公共椅依形态大致分为单座型和连座型

1) 单座型椅，一般多设置于广场、公园及住宅区，较少设置于街道。它不仅供人们休息，也广泛用于餐饮。与餐桌、遮阳顶篷等相结合组成了咖啡亭、饮茶、饮果汁、食快餐等休息处的环境，成为环境设施的重要组成部分。

图5-108 东京地下铁的不锈钢候车椅

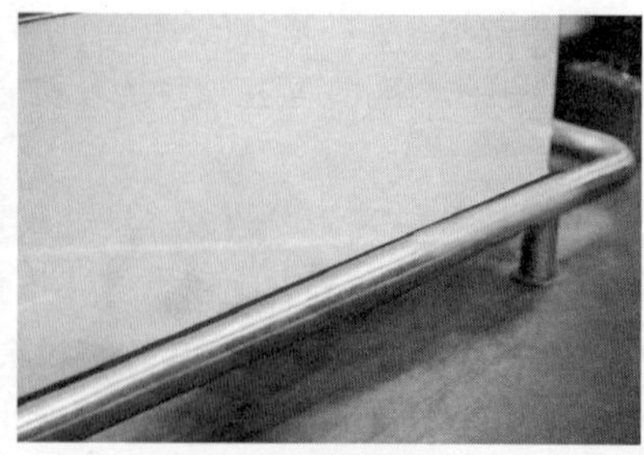

图5-109 休息椅替代形式

图5-110 在人流量大的场所提供短暂休息长椅

2）连座型椅，连座型椅，一般以 3 人为标准的形态，长度约 200cm。连座型椅的使用常常受到心理反应方面的影响。如两人座的连座型椅，一人就坐后，别人就难以使用，出现了两人座仅一人使用情况；3 人用连座型椅具有较高泛用性，适合于两人及多人同时使用，增加亲密感（图 5–111 ～图 5–114）。

连座椅一般为固定式，设置于种植绿化平台和拥壁等处，与拥壁连成一体，明确地划分了空间，与环境配合较协调。

（3）设计要点

1）公共椅凳的制作材料，可供选择范围较为广泛，主要有木材、石材、混凝土、金属、陶瓷、合成材料等。应根据使用功能和环境来选用相应的材料与工艺，并按照各地区不同的风俗习惯、地域特点等设计不同性格的休息设施。

2）公共椅凳应坚固耐用，不易损坏、积水、积尘，有一定的耐腐蚀、耐锈蚀的能力，便于维护。在表面处理上，除喷漆工艺外，还可对木材进行染色、注入添加剂；使用混凝土、铝合金或镀锌板等材料。

3）单座椅的尺寸要求。一般座面宽为40～45cm，相当于人的肩宽度；座面的高度

图5–111

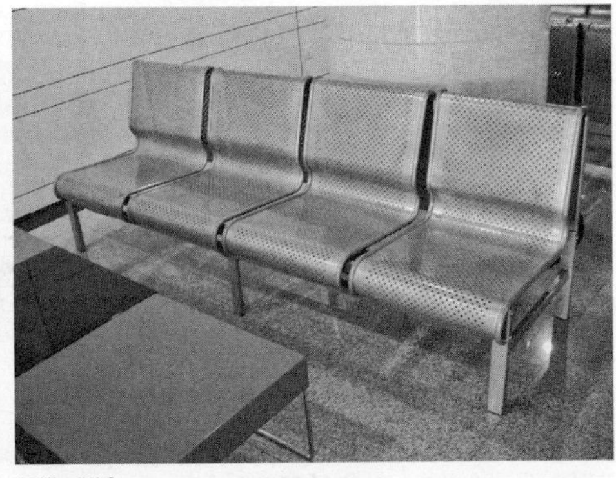

图5–112

图5–113

图5–114

图5–111～图5–114　为各式的休息长椅

38～40cm，以适应人体脚部至膝关节的距离；附设靠背的座椅的靠背长为35～40cm；供长时间休息的长椅，靠背斜度应较大，一般与座面倾斜度为5°；无靠背的休息凳，其宽、深尺寸较自由，一般为33～40cm，根据环境场所空间的不同，其尺寸可适当调整。如体育场看台座席宽约25cm，座面高为40cm，如设靠背，背长约20cm；作为游乐园、广场等处的休息凳并兼代止路障碍物使用的，尺寸一般较小：高30～60cm，宽20～30cm，深15～25cm等。

4）沿街设置的休息椅以不影响道路交通为原则，尤其在人行道上要留有充足的步行空间，同时不可占、压盲道等。如图 5-115。

5）从人们在环境中的活动规律和心理角度研究，使用者常产生避免与不相识的人同席的心理倾向。当使用者逐渐增加，座席显得拥挤时，人们从心理会下意识地保持个体距离和非接触领域。为此，公共椅的设置、造型、数量都会对使用者产生心理、行为的影响。如在候车站等公共场所的休息座椅，尽可能保持一定数量，并以单体连接型设置较适当（图 5-116）。

6）公共椅凳的设置形式与人的关系分析，见图 5-117。

①单体型，在人流量大，不宜长时间停留处，利用环境中的自然物与人工物，如石墩、木墩、路障等。这种形式可向背而坐，私秘性较大，可避免互相干扰。

图5-115　放置在人行道的凹处的休息椅　于正伦设计

图5-116　无锡火车站候车厅的休息椅

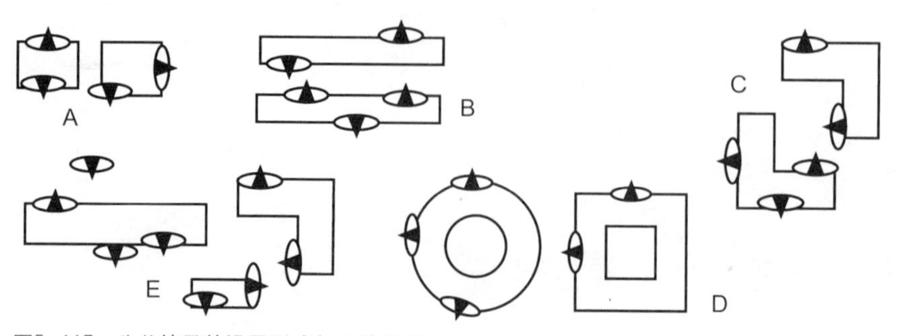

图5-117　公共椅凳的设置形式与人的关系

②直线型，基本的长椅形式，两端交流的人可以自由地转身，使用者的互动距离为120cm。

③转角型，这种形式便于双向交流，避免腿部互碰，适合多人间的互动，站立的人也不妨碍通道的畅通。

④围绕型，此种形式不便于群体间互动，较适合单独使用。当多人时，容易造成使用者的碰触。

⑤群组型，可产生丰富的空间形态，适宜不同人群的活动需要。

各种休息椅设置及造型，见图 5–118 ～图 5–132。

图5–118

图5–119

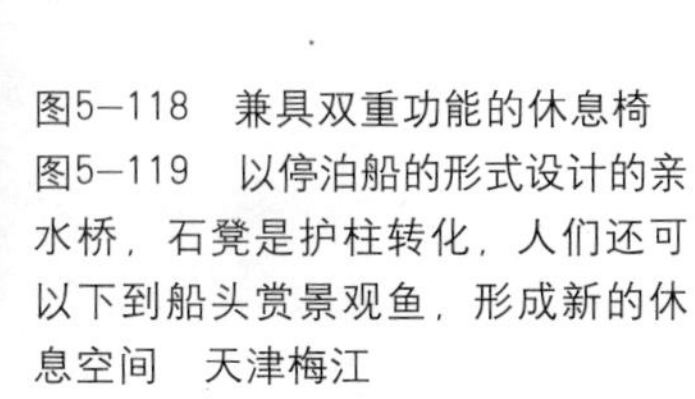

图5–118　兼具双重功能的休息椅

图5–119　以停泊船的形式设计的亲水桥，石凳是护柱转化，人们还可以下到船头赏景观鱼，形成新的休息空间　天津梅江

图5–120

图5–121

图5–122

图5–123

图5–124

图5–120～图5–122　围绕花坛、树木而设的环形休息椅，满足人们观景、交谈

图5–123　多种休息椅的设置形式满足了不同的需求

图5–124　在停车场与绿地间设置的长椅兼具有空间划分的功能　澳大利亚

图5—125

图5—126

图5—127

图5—128

图5—129

图5—130

图5—131

图5—132

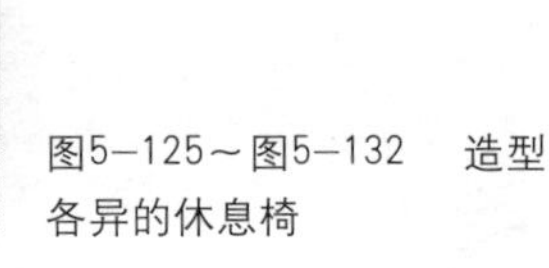
图5—125～图5—132　造型各异的休息椅

（二）亭、廊

亭、廊也是休息系统中的重要组成部分。通常，亭、廊是人们活动和休憩聚集的场所。亭一般由柱支撑顶棚，亭内设置休息设施。亭的外形形态有正方形、六边形、三角形、圆形，也有组合型，以攒尖顶最为常见，以此构成区域环境的导向性标志。廊的布局形式比较自由，具有较强的导向性，有直廊、曲廊、折廊等。亭、廊的设置构成了联系空间的纽带。亭、廊可以和攀缘植物结合构成花草植物廊，使亭、廊建筑掩映在绿色之中，疏朗风韵，层次穿插，成为宜人的休憩娱乐场所（图 5—133 ～图 5—138）。

图5—133　悉尼奥运会的长廊

图5-134　梭形的框架构成的休息廊

图5-135　古典园林的廊是内外空间的过渡

图5-136　拉膜的休息亭可以多种的组合形式

图5-137　由植物生成的长廊 澳大利亚

图5-138　具有多种实用功能的传统长廊

六、交通设施系统

交通设施系统除交通管理设施（交通标识、交通信号设备、交警岗亭等）外，还包括人行天桥、停车场、交通候车亭、自行车架、止路障碍等。

（一）人行天桥

人行天桥，是现代化城市中为改善道路环境，保证人、车的流动安全，提高通行率而设置的必要设施。人行天桥一般设置于重要的道路交叉处，是较大型的环境设施，对于周围环境有直接的影响，设计方面不仅要考虑机能，而且造型特点也是重要的因素。通常选用的平面造型为字母H、I、L、O、T、X、U形等。人行天桥的结构选型有桁架桥、吊桥、拱桥、斜拉桥等形式。桥面设施有休息座椅、照明设施、绿化容器、标识牌、看板、凳，据其所处的周围环境加以选择。在过往行人比较集中，桥面宽度相对小的天桥，桥面设施不设或少设为宜。

自日本于 1959 年在名古屋市郊外设置了首座人行天桥，作为城市环境的交通设施起，现在世界各城市已广泛使用，不仅交通畅通，而且极大减少了交通死亡人数。据不完全统计，东京约有 1000 座人行天桥，仅大阪也有 210 座。伴随着商业建筑的高层化和人车交通的不断增加，在日本新宿、池袋、银座、涩谷等商业区设计了二层或者高架步道平台、上步连廊等步道系统，用以提高交通便捷度、减少人车的相互干扰，实现人车分流(图-139～图5-141)。

在我国各城市的繁华区域、城市通道、开放空间先后出现了各式的街桥。随着人行天桥的发展，也出现一些现实问题，如上下桥所花费的能量、时间比平地上穿行高数倍；老人、孕妇、残疾人、婴儿车等难以使用；许多人行天桥为了安全必须设置有关交通标志，影响了城市的景观等。因此，设置人行天桥应与城市构造以及都市景观相协调，以城市环境的整体效果进行人行天桥的设计，并根据各个城市的具体情况而设置，防止重蹈西方一些国家的覆辙（图5-142、图 5-143）。现在西方各国家规定设置人行天桥必须安装自动扶梯和斜坡道，并与周围建筑连接成步行屋道。

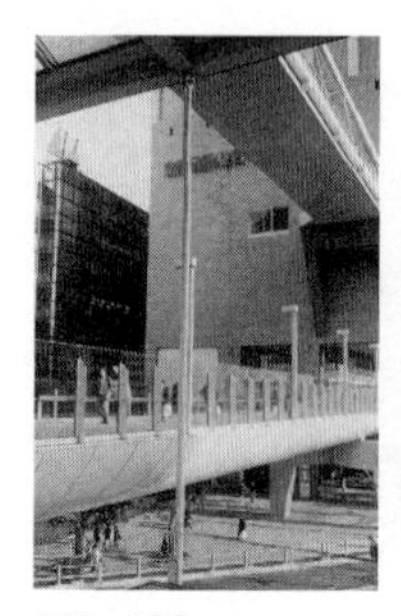

图5-139

图5-140

图5-139、图5-140　日本新宿时代广场的过街廊步道

图5-141　日本新宿的高架步道设有自动步廊

图5-142　天津女人街的过街步行廊

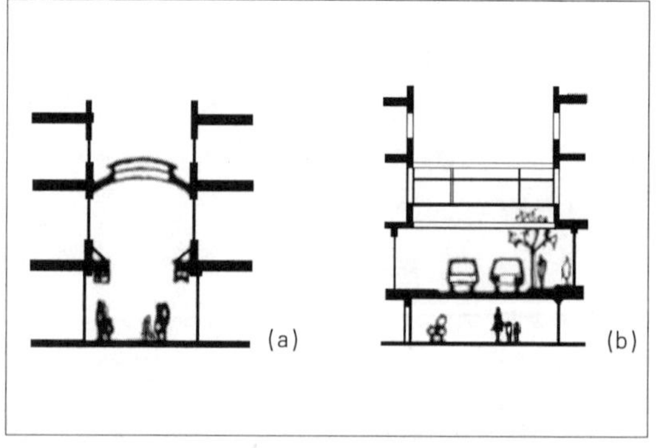

图5-143　日本商业街步行改造示意图

(a)全天候的步行街截面示意

(b)立体步行街截面示意

（二）步廊

步廊是方便人们全天候行走的公共设施。具有遮蔽雨雪、阻挡夏日强烈的阳光照射以及坐、观等附设功能。步廊广泛用于城市街道、广场、商业街、建筑群及机场和车站建筑之中。

中国古代以布帐拉成各种形式的连拱步廊。日本江户时代以雁木制作，构成所谓“雁木道”。意大利米兰维多利亚商业街的柱廊，受到古代哥特式罗马大教堂的影响，使用哥特式护墙和柱墩连接而成，地面有大型曲直线、花纹。步廊的贯通功能作为商业街的“先驱者”，被移植于现代化购物中心商业空间内。近年来，特别在欧美、日本的大都市采用穹形的拱廊步道形式较多，中央即采用透明材料制成采光窗，一般从 26m 高度引进自然光，部分高度达到 48m。这种拱廊已成为近代商业街的雏形，称为“高天棚玻璃拱廊商业街”，如图 5–144、图 5–145 涩谷惠比寿商业区步道连廊，35m 高的玻璃顶构成半室内空间，四周设有零售商店、文化、娱乐设施，是舒适的室外活动场所。

（三）交通入口

交通入口是指道路与其他通道联接的入口。有地下街道入口、过街地下入口、地铁入口及地下商业设施的入口等。地下入口一般设置于路面交叉口的附近，方便行人通过、换乘。在设计上注意避免入口设施对其他环境空间造成的堵塞，最好设置于建筑红线以内，与地面建筑相结合。在城市的节点处的地下入口宜露天设置，需与周围景观协调，附设相关设施（图5–146～图5–148）。

图5–144

图5–145

图5–144、图5–145　涩谷惠比寿商业区步道连廊

图5–146　北京地铁的出入口

图5–147　著名的卢佛尔宫“金字塔”入口

图5–148　地下停车场入口

(四）止路设施

止路设施是加强道路安全的各类设施。包括护栏、护柱、阻车装置、反光镜、信号灯、人行斑马线、隔离栏、段墙等等。

由于在城市公共环境中，近年来除了使用专用步行道以外，步行、汽车共用的道路日益增多。过去一般仅设置于交通十字路口和繁华街的止车障碍，因蛇形步行道的出现而成为常见的设施，体现了人们意识的发展变化。在蛇形步行道和休息场所设置护柱，这种步车共存的道路反映了城市新的环境设施的发展。

止路护栏为强制性与示意性的柱栏，常作为限制车辆通行、标明界限、划分区域而凸出地面的一系列的垂直障碍物。我国原来所使用的护栏常带给人们不愉快的心情，特别是道路较狭窄地区，在护栏内侧人行道上设置电线杆和有关道路标志，给行人带来不便，并且影响了城市的美观（图5—154）。在欧美国家，除了汽车主干道外，一般街道已极少设置护栏，而改用护柱。护柱来源于码头的系船柱，由于形体相似而得名。一般每2～3m宽幅设置一柱，给步行者构造了安全的空间。它与使人、车完全分离的护栏不同，在护柱之间人、自行车可以自由地行动。带缆柱（双系柱）最早产生于欧洲，当时为了在主广场使行人和马车分离而使用。作为分离的手法，壁状、线状为主的带缆柱通过空间处理而形成屏障，但从视觉上无阻碍，表现了柔和的空间，与环境易统一形成整体性，见图5—155。

止路设施既然已成为构筑街道的景观，则护柱、护栏等止路障碍设施的设计就愈显重要。

图5—149　混凝土材料的装饰性路障

图5—150　可沉入地下的金属护柱

图5—151　金属护柱

图5—152　获得ADI—FAD Delta奖的装饰性路障

图5—153　不锈钢的路障可降低高度使车通过

图5-154

图5-155

在设计护柱的高度、造型、色彩、材料及设置场所、间距时，应根据环境而加以精心地设计。

在交通安全方面，夜间的止车设施应设置反射光板，或者以照明形式设置于护柱上，常常使用脚灯照明（便于识别）。一般护柱高度为 40 ～ 50cm，或 70 ～ 120cm。护柱的造型多采用圆柱形为主，材料一般采用混凝土、石、金属等制造。

段墙在管理系统中作过介绍，在交通系统中，段墙和护柱都是限制性的半拦阻设施，具有一定的空间分划和导向性能，并可起到净化视觉空间和丰富景观的作用。段墙是实墙的一段，因此可看做是墙栏的一部分。虽然它们并不具备墙栏那样的围蔽能力，设置范围也相对有限，但在城市公共空间中是运用前景相当广阔的一对环境设施。

段墙通常运用于庭院、园林、广场，与建筑关系比较密切，既起着局部遮蔽和透景的含蓄作用，又有明确的导向功能。段墙的平面线型可以是直线、折线、"L"形，也可以是自由曲线。

（五）地面铺装

地面铺装是城市环境中最为常见的设施，是人们为便于交通和活动而人工铺设的地面，具有耐损防滑、防尘排水、易管理的性能。主要有硬质铺装、软质铺装和软硬结合铺装。

1. 铺装材料

地面常用铺装的材料有沥青、混凝土、花岗石、花砖、乱石、砂土、木、草皮、合成树脂等。其中城市道路硬质材料铺装有以下方式：

（1）现浇地面铺装

沥青铺装的路面具有非常好的平坦性，对各种路基有较好的适应性。由于施工速度快，施工封闭时间短，不反射阳光，因而用途广泛。水泥混凝土铺装具有良好的耐磨损性、耐油性和耐冻结性。其灰色表面有利于夜间照明，但有反射阳光强的缺点。水泥混凝土铺装的施工技术要求较高，施工封闭时间长。

（2）块材铺装

水泥预制块铺地一般有预制水磨石、艺术水磨石、水泥地面块、砌块、砖材等，适用于广场、停车场、步行道。混凝土预制砌块具有一定的强度、耐磨性，透水性良好。有正方形、长方形、六边形、圆形等多种形状造型，材料表面呈现出各种模制花纹或自然的条纹，与色彩配合可用于广场、人行道、庭院等环境的铺装。

（3）弹性材料铺装

色彩鲜艳、弹性耐磨的塑胶材料适用于儿童活动场、运动场、散步道等场所。在历史和环境保护区域、滨水地段铺设木栈道。

2. 地面铺装特征

（1）按铺装的场所不同而决定了铺装的表现手法的迥异。地面铺装在环境中常常是衬托建筑、设施、景观小品的背景，其色彩必须与环境统一协调。通过色彩、质感、尺度、拼接的图案纹样达到增强地面设计的效果。铺装的图案会产生很强的静态感，如在休闲区和公园等处可形成安静的气氛，增强空间的方向感、开阔感。如用石块、卵石等按同心圆放射状形式铺地在广场的中央会产生强烈的视觉效果，更加突出广场中心的喷水、雕塑等。用不同的材料、色彩、图纹作为不同道路的铺石表示道路的区别。如园林散步小路径常以小圆石组成植物、动物图案铺地。欧洲各国的人行道常以较大的石材铺地，利用抽象纹样较多（图 5–156、图 5–157）。

（2）在公共地区设置标志化的铺装，具有公共标识的传达、限定、引导功能。如交通十字路口的横行道路面、停车场车位的限定、盲人踏步、候车亭及银行的黄线等（图 5–158 ～图 5–163）。

图5–156　地面铺装与环境协调统一

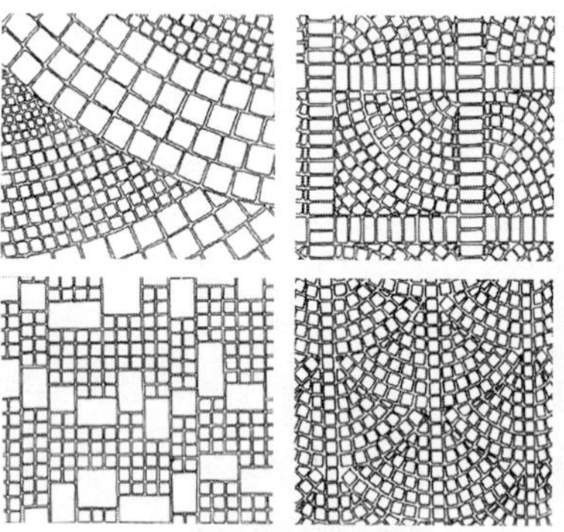

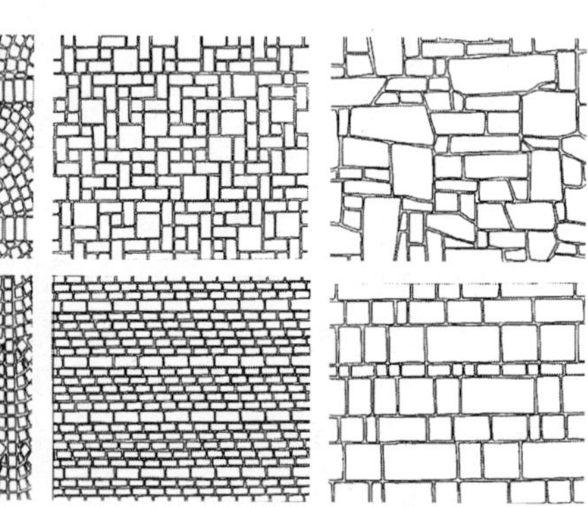

图5–157　不同的纹样铺装方法

图5–158　路缘的铺装

图5–159　路缘的铺装

图5-160　装饰性的人行道铺装

图5-161　人行道的铺装

图5-162　居住小区的人行道铺装，天津梅江

图5-163　人行道与踏步的统一铺装

（3）城市空间的时空性也可通过铺设为人们提供良好的视觉转换、引导及视觉聚焦等，使城市地面空间形成连续的景观映像，避免视觉的疲劳（图 5-164 ～图 5-167）。

图5-164　与水岸相呼应的铺装

图5-165　日本池袋硬质铺装

图5-166

图5-167

图5-166、图5-167　自然材质的铺装极富装饰性

3. 设计要点

(1) 人行道路铺装

人行道以行人步行舒服、方便为目的。由于场所的要求不同，所使用的表层材料也有所差别，但防滑性要求是首要的。公共场所的人行道基础先以毛石、砂填层等使其坚实再铺面层，材料有石、砖等。庭园、园林的道路，简单的基础即可，表面材料以砖、石、卵石及各种混凝土预制块等为主，可构成席纹人字、图纹间方等图形。在居住区的人行道上，砖石的排列应尽量单纯些，体现宁静感。商业步行街的砖石排列应形成醒目的纹理，甚至可将一些用广告、吉祥图案等制成的信息块材嵌于人行道上（图 5–168）。

(2) 车道铺装

市区的车行道路与高速公路的铺设要求不同，可以不必保持路面铺装的连续性，可利用凹凸、夹缝、材质等变化丰富路面铺装效果。但所铺装的材料应比人行道使用的材料有更大的抗压强度和耐磨性。砌缝与基底垫层的处理应考虑气候温差的影响，温差大的地区应每 6～9m^2面积留有一定缝隙。

作为交通线路上的节点——交叉路口的铺装，要与周围路面表现不同，以引起司机的注意。居住区和单位的出入口、坡道、桥梁下道路等路面上铺设了减速带，对交通安全起到一定作用（图 5–169）。

(3) 广场铺装

整体多采用尺寸大的方砖、石板、预制混凝土块材料等。其铺砌方法与人行道方法相似，但应注意广场铺地应给人以方向感，通过纹样布向和铺砌的图案，引导人们通往目的地；广场铺地应与周围的环境，特别与建筑物有良好的协调性，尽可能创造出该地区特点的铺地景观，同时保持视觉上的整体感，没有特殊目的的需要，不要任意改变相邻的铺装材料和形式，以免引起空间的混乱；注意避免材料引起的眩光；广场由于场所较大，应掌握铺地的尺度，特别在色彩、材质的选择和铺地装砌块的拼缝设计上，应与空间尺度相适合；地面砌块嵌缝上以 10mm 宽的凹缝，加强地面尺度感；较大场地可以数块材料组合为一组，使拼缝嵌平，

图5–168　东京嵌入铺装

图5–169　在车道路口铺装减速带

也可取得较大尺度感；大的场地以300mm宽的不同色彩、质感的砌块，围绕一大组砌块的周边作拼缝，以取得更大的尺度感（图5–170～图5–174）。

（六）公交车站

轻轨车站、地铁车站、公共汽车终点站等是为交通提供服务和管理的小型交通性建筑。它们是城市交通系统中，行人与交通工具的连接点。特别在城市公共环境中，公共汽车站也是对城市的视觉形象有影响作用的元素之一。它不仅能改变街道的混乱现象，作为有秩序的环境设施，主要能够为人们提供候车、上下车、换乘时的安全性和方便性，获得所需交通信息。

1. 公交车站的组成与设置

一个标准的公交车站一般由站台、遮阳顶棚、站牌、隔板、公交线路导引图、防护栏、夜间照明设施、座椅、垃圾箱、烟灰缸、广告设施及无障碍附属设施组成。候车亭的造型主要有顶棚式和半封闭式两种。顶棚式，只有顶棚和支撑柱，四周比较通透，有的在立柱之间设置座椅或广告牌等。这种形式适宜空间小、街道窄、人流多的环境。半封闭式，是从顶棚到背墙一侧或两侧面均采用隔板来明确分隔外界空间，隔板上有公益广告、城市交通方位图，使乘客能方便地确定自己的位置，同时免受风雨之扰。这种类型在欧洲是较为常见的形式。

图5–170　形态、色彩匀质的铺装与环境协调

图5–171　尺度不同的广场铺装方式

图5–172　广场铺装

图5–173　广场铺装

图5–174　形态匀质色彩不匀质 形成装饰效果

过去单柱标牌式是在我国使用最多的形式，柱的上面部分设圆、长、方等形状的标示牌，牌上注明各站名称和交通各站流程，简便易辨别，占地面积少。现在在城市中已逐渐消失，在一些乡村还可见到（图 5–175 ～图 5–177）。

（1）中途站应尽量设置在公交线路沿途所经过的主要人流的集散点上。中途站的站距要合理选择，平均站距宜为 600m 左右。上下行对称的站点应该在道路上错开，叉位设站，错开距离不小于 50m。在交叉路口附近设置中途站时，距路口不小于 50m，主干道不小于 100m。

（2）在设有隔离带的 40m 以上宽的主干道上设置的中途站，可不建候车亭。但应在隔离带的开口处设站台，平面尺寸长度应不小于 2 ～ 3 辆车同时停靠的长度，站台标高 0.2m 以上。有的绿化隔离带较宽，可减窄一段隔离带宽度，开凹长度应不小于 22m，形成港湾式候车站，平面宽度不小于 2m。

2. 公交车站的设计

候车亭一般采用不锈钢、铝材、玻璃、有机玻璃板等耐气候变化性、耐腐蚀、易于清洗的材料。有的候车亭采用环保材料，利用太阳能低压供电系统，不仅满足了功能的需求，节约了能源，还使候车亭成为夜间环境的景观亮点（图 5–178、图 5–179）。

图5–175　候车亭中不锈钢架可让乘客依靠成为休息椅

图5–176

图5–177

图5–176、图5–177　与其他设施结合，不仅增强了功能，也体现设计的人性化

图5–178

图5–179

图5–178　广告灯箱照明方便了夜间乘客观看信息

图5–179　通透的设计使乘客坐在亭内也可观察周围景物

（1）信息板上要注明时刻表、终点站、价目和充分的换乘信息。

（2）公共汽车站的设计不仅研究其在建筑立面的视觉效果，还必须考虑从高而下俯视的视觉效果，注意易识性和自明性。公共汽车站按交通要求设置，不同类型车辆、不同路线的车辆应在色彩上有所区分，尽可能使站牌与车辆色相一致，易于识别，比例尺度适当。

（3）要注意与环境的调和，不过于突出。

（七）自行车架

虽然私家车的拥有量增长快速，但我国是世界上自行车生产、消费、出口的大国，且家庭拥有量为 2 辆／户，目前自行车仍然是大众性的交通工具之一。在各单位、学校、公共活动场所等都设置自行车存车处。正确放置自行车成为影响城市交通、景观环境的急需解决的课题。以下介绍目前国内外采用的方式。

1. 自行车的设置形式

自行车架应考虑存放整齐、存放量大、便于管理、美观等因素。一般有三种存放方法，即单侧存放、双侧存放、放射形存放等。

（1）单侧存放有平行式、斜角式。平行式与道路组成 90°，一般存车间距为 0.6m，占地面积为 $1.1m^2$（0.6m×1.86m 通用）（图 5−180）。斜角式为了减少面积，与道路组成 30°～45°，单辆占地面积 30° 为 $0.8m^2$，45° 为 $0.82m^2$。

（2）双侧平置存放，有对称、背向、面向交叉式及两侧段差式。两侧前轮对叉式，比较节省面积，单车占地面积为 $0.99m^2$。双侧段差式，单车占地面积为 $0.69m^2$（图 5−181）。

（3）圆形、扇形式的放射设置，是欧洲常用的方式，具有整齐、美观的效果。但要确保停车周围有适当的流动空间。

（4）立挂式，以前轮夹插入凹槽内，单车占地面积为 $0.57m^2$。

2. 自行车架的设计要点

（1）自行车架的设计形式，以预制混凝土制成嵌入轮槽的车架，安装简单，无影响视线柱子；由卡放车轮的钢筋、金属支撑架，支撑住车轮两侧；有的专用树的护栅围绕树木的带

图5−180

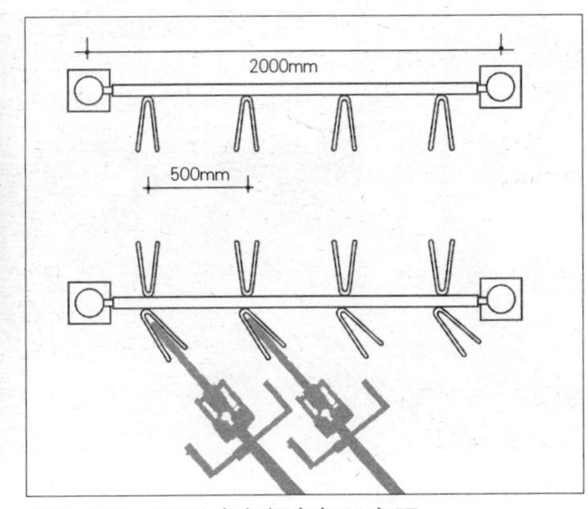

图5−181　平置式自行车架示意图

槽预制混凝土板，斜放、平放均可（图 5—182 ～图 5—184）。

（2）提高自行车架的空间存放率，要求使用方便，讲求满载和空载的视觉效果（图 5—185 ～图 5—188）。

（3）自行车架除了排列美观，还要坚固耐用，与周围环境相宜。

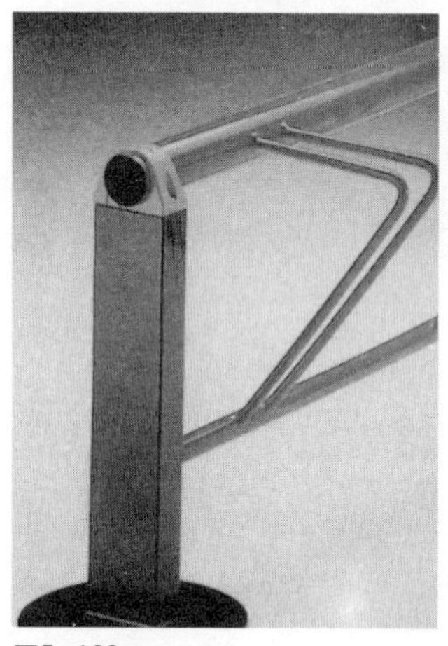

图5—182

图5—183

图5—184

图5—182～图5—184　均为平行式自行车架

图5—185

图5—186

图5—185、图5—186　设置车架使自行车有序安放，不仅是对人们的关爱，更可节省空间

图5—187　有效的利用空间设置车架

图5—188　这种车架由弯管而成，自行车可斜靠其上

七、游乐设施系统

公共环境中适当配置游乐设施，不仅满足人们游玩、休闲活动的需要，还可锻炼人们的体质与心智。游乐具是老少皆悦的设施，游乐活动是人们休息的积极形式，还能陶冶人们的情操。游乐具设施包括游戏设施和娱乐设施（健身设施），具有不同的使用对象和设置要求。

（一）游戏设施

游戏设施主要是为学龄前后年龄段的儿童而设置的，其尺度和规模较小，构造做法也较简单，主要设置于幼儿园、小学校、住宅小区和儿童游戏场。包括秋千、木马、滑梯、压板、攀登架、转椅、游戏墙等及组合式设施，满足和促进儿童攀、爬、跳、转、立、行的需求和能力。

1. 游戏墙

造型丰富多样的游戏墙，可供儿童钻、爬、攀登及可在墙上涂鸦绘画。墙体高度一般为1.2m以下，其上设置了形状不同的孔洞。游戏墙还可组织和分隔空间，形成供不同年龄层的儿童活动的区域，减少互相干扰与噪声。迷宫也是游戏墙的一种，既可用藤篱植物等软质材料围合，又可用混凝土等可塑性材料做成儿童喜爱的迷宫形式。

2. 嬉水池

常用的嬉水池有两种，一种是池深度为20cm左右，浅而易见；另一种为边缘浅逐渐加深。嬉水池的平面形式多样，可与雕塑、喷泉等结合，流动的池水减少污染。设置于向阳处，选用的材料要做防滑处理，见图5—189。

3. 沙坑

玩沙土是儿时的重要的游戏形式，儿童凭借丰富的想像堆砌、开挖，产生愉悦的体验。沙坑适宜深度为30～45cm，四周用木制或橡胶缘石加固，防止沙土流失。

4. 滑梯

滑梯是一种结合攀登、下滑两种运动方式的游戏器械。宽度为40cm左右，两侧立缘为18cm，标准的倾角为30°～50°，着地部分宜用软质地面。造型上结合坡度采用曲线型、波浪形、螺旋形等样式，可创造丰富的景观效果，见图5—190。

图5—189　儿童嬉水池

图5—190　动物造型的滑梯

5. 攀登架、攀爬器械

攀登架用金属或木材组接而成，常用攀登架每段 0.5 ～ 0.6m，由 4 ～ 5 段组成框架，总高约 2.5m 左右。攀登架可设计成梯子形、圆柱形或动物造型。攀爬器械是由软质材料（绳、藤）编织成。有钻通道、洞的乐趣，主要锻炼儿童的平衡能力（图 5–194）。

6. 组合式

把不同类型的游戏器械组合，既节省材料，又减少占地面积。有线组合、十字组合、方形组合。常用玻璃钢、高强度塑料等材料。在设计这种游戏器械时，要考虑适于儿童的活动方式，同时要易于生产，并具有较强的抗自然腐蚀性能（图 5–191 ～图 5–193）。

7. 游戏设施设计配置的要点

(1) 安全性是儿童游戏设施和器械设计的基本要求。在结构、材料、造型方面必须保证

图5–191　儿童游戏架组合，配有弹性地垫

图5–192　gametime圆管系统新游乐产品

图5–193　具有多种功能的游乐具

图5–194　浮桥式游乐设施　无锡

使用的安全性，可利用绿化、矮墙、栅栏、沟渠等形成相对封闭的袋状空间，与外界作适当的分隔。

（2）儿童游戏设施应着力于结合综合环境的特点，整体把握考量地域的生活习惯、地理气候、文化特质及外界因素等的影响，其造型设计力图以鲜明的形象、色彩、质感、形态，针对不同年龄层次的适应性，着眼于满足儿童的生理和心理特点，既要促进儿童的智力发育，又要努力使他们身体健康成长。

（3）游戏空间布局要合理考虑儿童的使用半径、身体尺度、体重等，鉴于成人在旁呵护、保护便捷的需要，可在近处为成人提供休息设施。

（4）游戏设施应反映儿童的探求心理。因此研究游戏设施的使用方式是设计的重要课题。使设施在儿童们心理上产生魅力、吸引力，导致孩子们自由地发现和创造游乐的方式。游戏设施应给予儿童触觉、视觉、嗅觉等的感官接触，给予儿童运动肌体、搬移物体的经验。儿童们能容易地创造出自己的游乐方式，激发他们的想像力和创造力。

（5）儿童游戏场所的基础设施应设有草坪（供儿童进行柔性活动和休息）、铺装路面和软性地面（供儿童运动）、沙土和水（儿童玩耍所需）。

（二）娱乐及健身设施

娱乐设施是供儿童、少年及成年人共同参与使用的娱乐、游艺和健身的设施。娱乐设施品种类别繁多，且消耗相当的空间面积。游乐场是提供娱乐设施的媒体场所，为此，游乐场的设置地点和娱乐设施的类型均应认真研究。

1. 娱乐设施

通常设置的娱乐设施有迷宫建筑、游艺房、观光缆车索道、空中吊篮以及各类回转器械、运行器械、下滑器械，包括各类小型娱乐设施和附属设施。因其占地面积大，内容多，规模大，因此，在规划布局时应考虑其空间结构布局，力求平面与立体结合，大小设施结合。在保证使用娱乐设施安全性和便利性方面的基础上，力图减少、弱化对区域环境景观的负面影响和干扰（图 5—195 ～图 5—198）。

图5—195　土耳其的特洛伊木马娱乐具

图5—196　儿童游乐场的大型设施

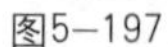

图5-197

图5-198

图5-197　受欢迎的香港海洋公园游戏造型

图5-198　大连的娱乐城

2. 健身设施

户外健身器材是供人们露天锻炼身体的小型简单设施。它不仅设置于体育场、学校校园，在住宅区、办公区、城市绿地中也常见，为人们休闲运动提供了条件。如国外城市在绿地广场中设置硕大的国际象棋盘，行人可随时对弈，放在广场中的棋子需成人双手合力相抱才能搬动，这样既锻炼了身体，又启动了思维，趣味盎然。户外健身器在国外也普遍存在。它具有占地面积小、运动幅度适宜、老少皆宜的特点。若几种器具集中设置，可因地制宜，形成特色。我国随着群众体育的大力倡导和开展，街头的体育娱乐性设施快速增加，体育彩票的发展也为设施的建设资金提供了保障（图 5-199 ～图 5-201）。

目前供老年人娱乐的设施开发是游乐具设计的重要课题。进行体育活动是老年人晚年生活的主要内容之一，故在老年人活动区域选择时应加以考虑，其设置位置最好在离居住区较近的地方。同时应注意老年人使用设施的无障碍性与易于识别性。

当前，游乐设施已从单一的功能，向着复合型的功能方向发展、变化。为此，游乐设施

图5-199　嘉峪关的街边老年人健身

图5-200　绿地边的健身设施

图5-201　近年我国建设多样的健体设施

的设计，应观察儿童们的行为和游戏特点加以分析，获取设计信息，为设计服务。从第一个迪斯尼乐园成功地造成一种独特的环境和气氛，使人如身临其境，在娱乐和休息的同时获得了不少科技、文化、艺术、历史、地理等方面知识，其创举受到人们的热烈欢迎起，先后在美国奥兰多市、法国巴黎、日本东京建成规模超大的"迪斯尼乐园"，已开业的香港迪斯尼乐园更标志着迪斯尼娱乐业已经走向世界。受其影响，我国北京及各地近年来建立了多处游乐场和娱乐园地，天津等地区也举办了娱乐嘉年华活动。这对丰富人民生活、扩大与世界的文化交流无疑起到了推动作用。这些游乐场和娱乐公园成为当地主要的景观和游乐设施(图 5－202～图 5－204)。

八、无障碍设施系统

（一）无障碍设施设计概述

何为障碍，狭义地说是指各类行动不便的人（Disable Person）的行为障碍，广义地讲包括所有的人的行为障碍。人类的行为障碍包括：移动障碍——不能行走、行走困难、依靠别人或器械行走、体力不支、特殊工作状态的移动不便者；复杂动作障碍——四肢不能协调活动、五指不全、使用假肢、神经麻痹和特殊工作状态等；信息障碍——失明、深度近视、失聪、依靠助听器者、语言困难、无思考能力、智力不全（包括年龄、知识造成的理解障碍）等。按照联合国世界残障年（1981 年）对残障的定义：无能力（Disability）——人类因某种损伤致缺或被限制其活动能力者；残障（Handicap）——失去或被限制其机会与其他正常人参与群体活动者。

图5－202

图5－203

图5－204

图5－202～图5－204　世界各地的迪斯尼乐园场景

无障碍设计（Barrier-Free Design）是指旨在消除和减轻这类行为障碍的设计。

无障碍设施设计是为残疾人和能力丧失者提供和创造便利行动及安全舒适生活的所需设施的设计。在环境设计中，障碍，系指实体环境中对残疾人和能力丧失者不便、不能使用的物体和不便或无法通行的部分区域；在工业设计中，障碍，多指行为障碍。无障碍设计最初是出现在建筑及环境的设计中，如在室内外交通的设计中提供一条供残疾人轮椅行驶的坡道；在交通要道处设计供盲人触摸的指路标志等。而在日常生活中与人们接触最多的是各类工业产品（包括设施），因此，在现代工业设计中，已经将"无障碍"设计作为一项社会性的设计活动。

人类社会随着发展而步入老龄化社会阶段，残疾人和能力丧失者的居住、生活、行动和环境问题受到世界范围内普遍的重视。目前世界上已有60多个国家实行了无障碍设计的标准。美国于20世纪60年代就注重立法与标准工作，1986年正式通过的《建筑无障碍设计条例》是美国最早的有关立法。它原则上批准了残疾人和能力丧失者能在政府投资兴建的公共建筑和设施中方便通行的权益。社会各界的专业协会、劳工组织、残疾人团体等联合组成的美国国家标准协会，负责协调各行各业对建筑技术和有关工业产品的各种要求，制订解释宣传统一的国标。1986年，美国正式通过了《税收调节法》，对已建工程进行无障碍技术改造实行优惠和鼓励。美国的无障碍技术基础研究工作也颇有建树，由政府专项拨款的纽约州立大学建筑系从事无障碍技术研究工作已将近20年。众多高等院校已专门设立无障碍技术课程，进行残疾人专用住宅、无障碍设计理论基础、交通运输、公共设施设备设计和新技术开发及评价等课题的研究。法国的专业协会和学术机构还积极举办无障碍设计大奖赛，进一步推动无障碍设计的发展。较早进入老龄社会的日本在20世纪70年代以来，用日本人自己的话说是"追随了10年"，大量地吸收了西方先进国家的经验，在国家所制订的统一建设法规中就包括残疾人、老年人无障碍设施设计并逐渐摸索出一套适合日本本土国情的实施方法。

我国政府重视关心残疾人事业，在建立健全残疾人组织、促进残疾人工作、发展残疾人教育、开展残疾人康复方面采取了一系列措施。1988年开始，国务院先后批准实施《中国残疾人事业五年工作纲要》、《中国残疾人保障法》等，使残疾人事业逐步走上法制化、制度化的规范的轨道。特别是我国建设部、民政部及中国残疾人联合会公布并实施了《方便残疾人使用的城市道路和建筑物设计标准》(JGJ50-88)，详细规定了设计的要求，并得到了普遍的实施。目前，北京、上海、天津、广州等大中城市率先建造了各种环境的无障碍设施，充分体现了社会对残疾人生活的关心。据联合国早几年的统计，全世界约有5亿多人受行动不便的影响。据世界人口组织估计，残疾人的比例一般要占人口总数的10%。1988年抽样调查，我国除约有5164万残疾人以外，60岁以上老年人从20世纪90年代占总人口的7.42%增长为2005年底的11.30%，预计到2025年将达到19.34%，即5人中就有一位属老年人。我国人口众多，基数大，所以我国残疾人、老年人口总数始终位于世界各国前位，因而近几年中国大力倡导与扶植无障碍设计科研项目。应当看到，目前我国的无障碍设施建设还很薄弱，同发达国家和地区的情况相比，还存在较大的差距，一般新工程的无障碍设施基础建设投资仅占1%。随着2003年《上海市无障碍设施建设和使用管理办法》及2005年《天津市无障碍设施建设和管理办法》的相继发布这种状况已得到改观。因此，此类设施有很大的发展空间，潜力巨大。我国应按照国情，积极吸收国外有效的成功经验，大力推进无障碍设施建设，切实实施无障碍设施设计。

通过老年生物学和老年流行病专家的研究表明，衰老、残疾是客观属性，任何一个无战争、无大规模暴力和无经济危机及严重自然灾害的国家和地区，人口老化的趋势均是突出的。人进入老年后的体能明显下降，这就给已存在的环境障碍增添了新的难度，矛盾将更加尖锐。如何使残疾人和能力丧失者更多地享受健全人具有的权益和生活意趣，需要全社会的关心帮助，也是设计师的责任。

无障碍设施设计的重要问题是人与装置的关系，即强调确保安全性和舒适性。使人能够安全地、在较大范围内自由方便地移动。无障碍设施设计的实施不仅是衡量整个国家整体物质水平的标志，而且体现了国家的精神文明程度，关系着国家的城市形象与国际形象。

（二）公共环境无障碍设施设计分类

1. 建筑及室内无障碍设施

（1）出入口

出入口处设置取代台阶的坡道，出入口内外应留有不小于150cm×150cm的平坦的供轮椅回转的面积。门扇开启后应留有不小于120cm的轮椅通行净距。由于心理方面的原因，残疾人和能力丧失者希望能与健康人共走一个入口或设置在同一入口同一立面上的专用入口，而比较忌讳走旁门和后门。设计家贝聿铭设计的美国国家美术馆东馆的正门入口将台阶、坡道、雕塑作了绝妙的有机结合，旨在使残疾人和能力丧失者也能方便进入；又如美国国会大厦为避免损害正立面高大台阶的整体效果，特别在侧入口处专门设置长坡道，以供残疾人通过；林肯纪念堂则在台阶一侧专设通行道，在入口处可乘电梯到各层大厅。无障碍入口设计实例，见图5-205～图5-207。

建筑物坡道的有效宽度一般为135cm，坡道坡度超过1/16或水平投影长度100cm以上的坡道应在两侧加设扶手。室内坡道宽度不小于90cm，每条坡道的坡度、允许最大高度和水平长度，见表5-13。

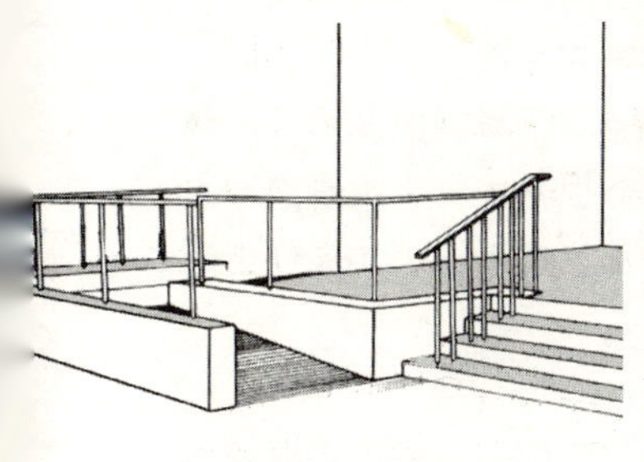
图5-205　建筑物入口的无障碍设计示意图

图5-206　建筑物无障碍坡道入口设计

图5-207　石材的无障碍入口（无锡）

坡道坡度、允许高度、允许水平长度表 **表5–13**

坡道坡度（高/长）	1/8	1/10	1/12
每道坡道允许高度（m）	0.35	0.60	0.75
每道坡道允许水平长度（m）	2.85	6.00	9.00

（2）楼梯、走道

每级楼梯高度控制在10～15cm左右，梯段高度在180cm以下较为适宜，楼梯踏步数3步以上者需设两侧扶手，宽度大于300cm时，需加设中间扶手。此外，踏步的凹缘常会刮掉手杖的防滑橡皮头而给使用者带来诸多不便和危险，无踢板、无防滑条的楼梯也不利于持杖者的安全（图5–208）。

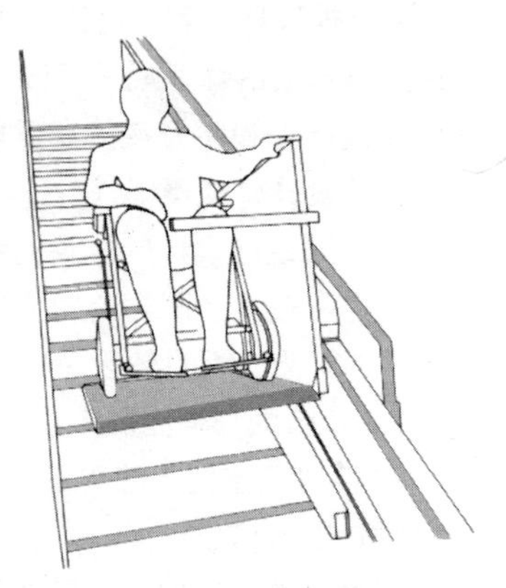

图5–208　日本楼梯无障碍设计

走道宽度视建筑物内的人流情况而定。一般内部走道宽90cm，公共走道120cm以上；走道通过1辆轮椅和1个行人的走道净宽度不宜小于150cm；通过2辆轮椅的走道净宽度不宜小于180cm；走道的两侧墙面，应在90cm高度处设扶手；下部应设高35cm 的护墙板。

国外无障碍走道地面铺设特殊肌理的材料，可为盲人、弱视者导向。楼梯、电梯和柱角端等处设护角条，另可辅以识辨性较强的诱导材料，以提醒和警告视力和体力欠佳者引起注意。

（3）门窗

门洞的净宽度不宜小于110cm，不可使用旋转门、弹簧门等不利于残疾人使用的门。无障碍建筑室内窗户应低而大，以不遮住轮椅者视线为佳，房门拉手、电灯开关等安排的高度也应低些。

（4）厕所

厕所是残疾人和能力丧失者事故性死亡的多发区域，事故率往往高于其他地方。厕所的出入口，尺寸宽度为80cm以上。一般在公共厕所内设置残疾人和能力丧失者专用厕位时，应安装坐式便器，以设置在终端为好，这样可减少专用厕位被一般人占用的可能性。专用厕位与其他厕位之间宜采用活动帘子或隔断加以分隔；专用厕位的宽度等应考虑陪同者的协助，轮椅的回转空间应留有150cm×150cm的轮椅回转面积；要设置各种方便的抓握设施，如两边墙上的扶手，顶棚悬吊下的抓握器等；还有专门的淋浴坐凳、盆浴提升器、手推脚踏冲水开关等；地面铺设的材料要求用防滑材料；便器的种类、设置位置及拉扶手把等均应仔细研究，以适应、方便使用为原则（图5–209、图5–210）。

（5）剧院、餐厅类设施

影剧院、体育馆等观演建筑室内大多为固定设施，如坐椅，不宜过硬，在便于进退场和疏散的平坦地面留出空地用作轮椅观众席，比例约为400个座位设置一个轮椅席。此外，可

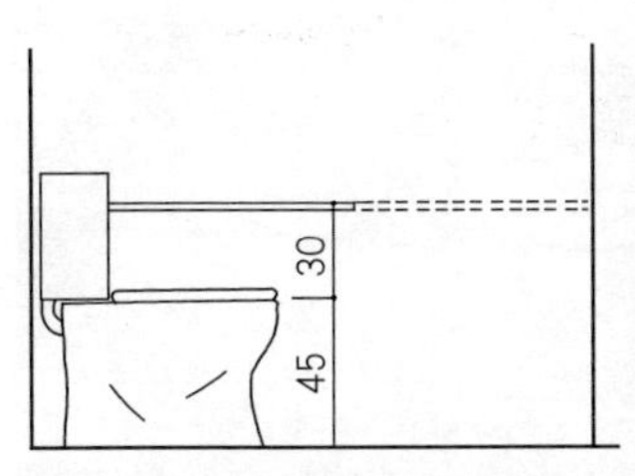

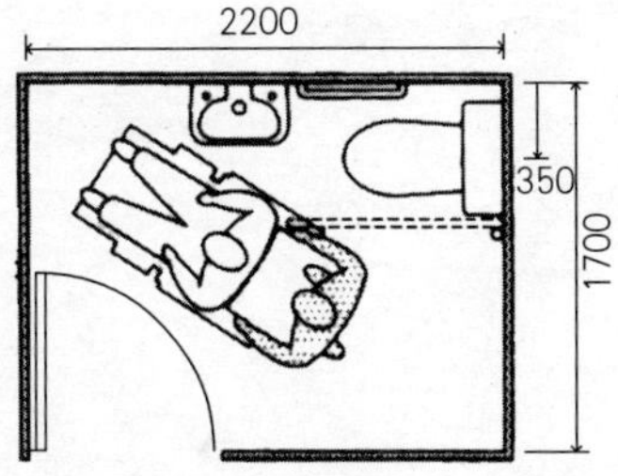

图5-209　厕所的尺度示意图

图5-210　厕所内部布局

灵活升降使用的悬挂式餐桌，尤其适用于使用轮椅者。餐厅本身还可作多功能综合使用。

柜台（建筑中的售票、问询、出纳、寄存、商业服务等处）既要能使轮椅活动者自正面接触，又要使其尺度适合，一般台桌面高度宜控制在70～73cm之间。柜台靠人体的外侧端部，可处理成半圆或带点圆的形状，以起到保护人体的功效。

公用电话台板下部应留出不低于70cm、深不少于40cm的空间，并可将号码盘的垂直面略微上倾，便于使用者使用。

2. 无障碍道路设计

在美国巴尔的摩城跨越城市干道的人行天桥上，同时设置楼梯和电梯，过往行人都能择其所需方便上下；上层天桥又分别与众多商业办公设施甚至与街心花园的地上层面互相连接，从而形成复合式的无障碍通行体系。由此可见，道路的无障碍通行是连接城市、乡镇各方位的脉络。西方发达国家的实践经验，是对人行道的交叉转折处、车行道坡度、绿化、排水口、标牌、灯柱等都做出妥善处理，免除无端的凸出和挑起障碍，以提供最大限度的安全服务。我国的各大城市还不能完全达到这样的标准。如在天津、武汉、石家庄等城市的改造过程中，有的人行道宽度过窄，竟将盲人专用路线舍弃。发生此类问题的原因，虽然有施工队伍的规范化、专业化不强的问题，也不能说没有规划、设计者的失误之处。

国外许多国家的每条街道和地铁出入口都有盲人专用的路线，路面有规则地凸起一个个白色符号，线状标识指示前进方向，点状标识示意注意和转弯，由30cm方形地砖构成。以日本为例，1975年警察署公布了全国统一的视觉残疾者的信号装置，红绿灯下设有盲人专用按钮，盲人过马路时，只要按下专用按钮，过往车辆都会停下来让道，在有的路段还设置音响指示设备。

城市道路设计对残疾人的方便行动具有极大的影响，因此在道路建设的同时就应努力实施无障碍设计（图5-211～图5-215）。

图5－211　人行道出入口的坡道处理，其高差<3cm

图5－212　天津银河广场的无障碍的铺装

图5－213　在人行道上设置专供残疾人士步行的道路

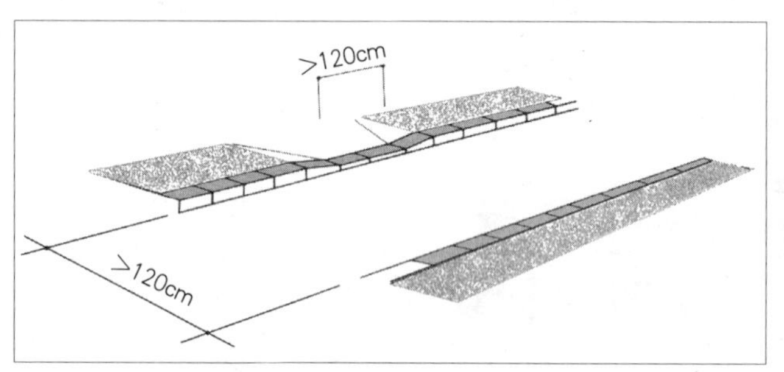

图5－214　一般公园的步行路幅宽为120cm，有坡度控制在1/25以下

图5－215　联接广场与商业设施的踏步无障碍设计（天津塘沽）

（1）人行道

人行道应设置缘石坡道，人行道的宽度不得小于 2m。

1）不设人行道栏杆的商业街，同侧人行道的缘石坡道间距不得超过 1000cm。

2）缘石坡道的表面材料宜平整、粗糙，寒冷地区应考虑防滑。商业街和重要公共设施附近的人行道应设置为视力残疾人引路的触感块材。触感块材分为带凸条形指示行进方向的导向块材和带圆点形指示前方障碍的停步块材。

3）触感块材应按规定铺置，人行道铺装时应在其中部行进方向连续设置导向块材；路面缘石前铺装停步块材，其宽度不得小于 60cm。

4）人行横道处的触感块材距缘石 30cm 或隔一块人行道方砖铺装导向材料。公共汽车站的停步块材与导向块材应成垂直方向铺装，其宽度不得小于 60cm。

5）人行道里侧的缘石，在绿化地带处高出人行道至少 10cm，绿化带的断口处，以导向块材连续。

6）缘石坡道宜设置于路口或人行横道线内的相对位置上；街坊路口处的缘石坡道可设于缘石转角处。

7）人行横道内的分隔带应当断开，道路安全岛内不设高出地面的平台，以便残疾人穿越马路。

8）缘石坡道的类型。三面坡形式缘石坡道（适合用于无设施带或绿化带处的人行道）；单面坡形式缘石坡道（人行道与缘石间有绿化带或设施带时）；在人行道纵向并与其等宽的全宽式缘石坡道（一般用于街坊路口、庭院路出口的两侧人行道）。

9）缘石坡道的规定。正面坡中的缘石外露高度不大于 20mm；正面坡的坡度不得大于 1 ：2；两侧面坡的坡度不得大于 1 ：2；正面坡的宽度不得小于 120cm；缘石转弯处应有半径不小于 50cm 的转角。

（2）视觉残疾者使用的无障碍设施

在交通十字路口装置有信号机；振动人行横道表示机；点块形方向引导路石；点块形人行横道等。

1）信号机。属最古老的一种为盲人使用的音响装置，初期为铃响声，近来改为具有旋律的音乐声。日本最早于 1955 年使用此类装置。

2）振动人行横道表示机为高 1m 的柱状环境装置，其柱头紧靠人行横道的方向边，在人行道的绿坡边设置振动人行横道表示机，发出信号时，柱头盖产生振动而产生有效的引导。

3）点字块状人行横道不仅设于人行横道，在交通十字路口也设置点字块形人行横道。是利用点字块微微突出地面，刺激盲人的脚底面而感知的方法。色彩一般使用黄色，易区别并易引起机动车驾驶员的注意。

4）点字块状方向黄色引导路石主要设置于人行道中部，盲人可沿铺装块状步行，易与周围环境色彩相协调。日本于 1977 年开始使用这类引导路石。我国道路改造也已实施。

（3）肢体残疾人使用的无障碍设施

这类设施主要以轮椅作为对象而设置，肢体残疾人、老人、儿童等均可使用。

1）在十字路口和人行横道处，为了减少人行道与快车道的段差，方便轮椅的行走，通常构筑以下形式的坡道：三面坡形式缘石坡道；单向坡形式缘石坡道；全宽式缘石坡道。因地制宜的构筑不同形式的缘石坡道，可以方便人们行动。

2）人行道。人行道的宽度应具有不妨碍通行的机能，但由于电线杆、标志及自行车等干扰，影响了轮椅的正常行动，因此轮椅的尺寸宽度应予限定。日本标准：大型椅为 65cm，小型椅为 58cm；我国标准：手摇三轮车（大型）80cm，手摇四轮椅（小型）65cm。所以人行道净宽应为 200cm，以尽可能通行两台轮椅为宜。

3. 人行天桥和人行地道

人行天桥和人行地道是为人们顺利穿越马路而专门设置的交通设施，不仅适用于正常的人，更重要的也要适应残疾人的使用。世界各国相继出现这类无障碍设施，充分体现了社会对残疾人的日益关心程度。与美国的巴尔的摩城一样，日本东京银座在跨越干道的人行道上设置人行天桥的自动扶梯，上层天桥与众多商业楼设施及街心花园的上一层互相贯连，从而形成复合型的无障碍通行体系。人行天桥和人行地道无障碍设计有关规定如下：

（1）踏步高度不得大于 15cm，宽度不得小于 30cm；每个梯段的踏步不应超过 18 级，梯段之间应设置宽度不小于 150cm 的平台。

（2）人行地道和人行天桥的梯道和坡道两侧应安装扶手。扶手应坚固，能承受身体重量，其形状要易于抓握。坡道走道、楼梯为残疾人设上下两层扶手时，上层扶手高度为 90cm，下层扶手高度为 65cm，供拄杖和视力残疾者使用的梯道不宜用弧形梯道，宽幅不小于 120cm（图 5–218）。

（3）人行天桥和人行地道的梯道两端，应在距踏步 30cm 或一块步道方砖长处设置停步块材，铺装宽度不小于 60cm；中间平台应在两端部各铺设一条停步块材，其位置距平台端 30cm，铺装宽度不小于 30cm。

（4）人行天桥的梯道和坡道下部净高小于 220cm 时，应采取防护措施。

4. 停车场

残疾人和能力丧失者在进入公共建筑物或住宅前，需将所乘三轮车换成轮椅，这就要求在公共建筑物或住宅入口处设置一定数量的专用停车场所（每个车位占地面积为 90cm × 200cm），且尽量靠近建筑入口，同外通道相连并辅以遮雨设施。停车车位应有明确标志（图 5–216）。

5. 其他无障碍设施

街道周围的环境设施。特别是在建筑、广场、公园、车站等场所，应加强设置道路自动扶梯、公用电话、洗手器等。道路自动扶梯设置于室外人行道上，在欧美已普及，特别在地下铁道、下沉式场所以及具有地面段差的地区，道路自动扶梯已成为重要的环境设施（图 5–217）。公用电话亭中的残疾人专用电话亭，话筒一般离地面高为 120cm，电话装置的高度一般与轮椅座位视平线相等约 100 ～ 120cm。手洗器的高度一般设置为 76cm，供老年人和残障人使用的浴缸必须是平底的，并做防滑处理。水龙头开关形式应该为用手、腕、肘等部

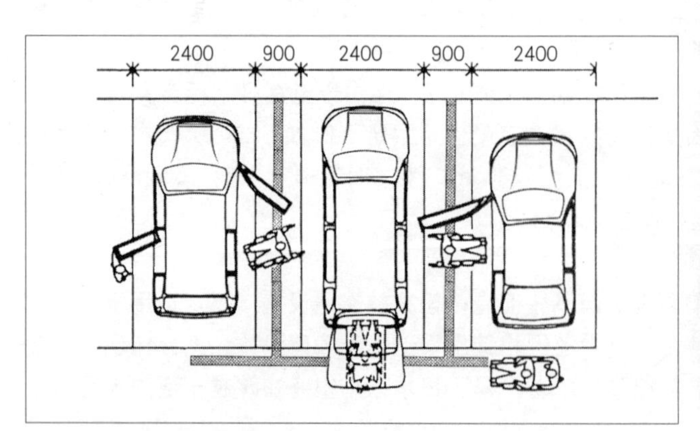

图5–216　停车场尺寸示意图

图5–217

位均可方便使用的。电器开关应当设置在明显之处，且宜采用按、压等形式，避免采用拉线开关等使用不方便的形式，以适应残疾人方便使用为原则。

（三）无障碍设施一般规定

1. 非机动车车行道、桥梁和立体交叉的纵断面设计坡度如表 5–14 规定。

非机动车车行道、桥梁和立体交叉设计坡度 **表 5–14**

条件	最大坡度（%）
平原、微丘地形的道路	2.5
地形困难的路段、桥梁及立体交叉	3.5

2. 人行道的通行纵坡应符合表 5–15 规定。

人行道的通行纵坡 **表 5–15**

坡度*i*（%）	限制的纵坡长度（m）
<2.5	不限带0
2.5	250
2.0	150
3.5	100

3. 无障碍设施的国际通用标志和有关尺寸参考：

道路、桥梁及公共建筑物应在显著位置上安装国际通用的无障碍设施标志。标志尺寸为 10 ~ 45cm 的正方形，黑白相衬，轮椅为白，衬底为黑，或者相反。轮椅面向表示所示方向，加文字或方向说明时，其颜色应与衬底形成鲜明对比。标志使用于指示建筑物出入口及安全出入口；指示建筑物内外通路；指示专用空间位置；指示城市道路、桥梁等无障碍设施（图 5–219）。

（四）障碍性设计

障碍性设计在无障碍设计中是一个特殊的、不可或缺的部分。如日常生活中，为避免儿童误食药物而设计的双向旋转瓶盖，使儿童很难打开，而掌握要领的成人却能轻易地开启。

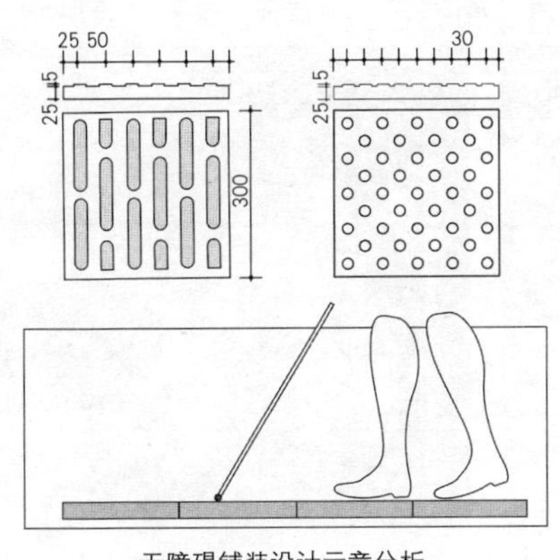

图5–218　盲道铺装的尺寸规格

图5–219　国际的标志

障碍性设计也称“有障碍设计”，这是相对无障碍设计而言。正是因为障碍的设置，根本上提高了行为的无障碍性。一方面，人们在公共设施的设计上减少障碍，使得行为障碍者在行动中和使用中的障碍尽可能减少；另一方面，却在一些方面人为地设置一些障碍，使某些活动受到适当的“限制”，从而使人的生理、心理行为活动变得更加合理与健康。

对个体而言，限制一部分的行为或动作，从而使得另一部分的行为或动作具有可及性；对群体而言，限制一部分人的行为或动作而使另一部分人的行为或动作具有可及性。从这一观点出发，可以这样认识：人的行为或行动自由化是建立在高度合理化的基础之上的，因此设置人为的障碍是必要的，见图 5—220 ～图 5—223。

障碍性设计常常运用在公共环境的设计中，以求在公共场合的公众获得一种行为的默契与规范。如交通管理中的各种隔断和栅栏；在人流频率很高的车站等环境下，将供行人小憩的坐椅设计成微微外斜的式样，尺度减小，坐上去并不舒服，然而这正符合了这类坐椅的功能要求——供人歇脚，但并不希望让人悠闲久坐；一般会议室内的坐椅，也可将靠背设计成

图5—220　具有限定作用的装饰设计

图5—221　在道路的交汇处减速带的铺装，限制机动车的车速

图5—222　碧华庭居小区的水景及花坛设计具有限定作用

图5—223　在景观设计中常常利用水道作为障碍设施对一些行为进行限定

直挺一些，座垫少用软料，这样不仅可以使与会者保持一定程度的紧张感和注意力，而且对限制冗长的会议也有一定的作用。

以前仅以占人口多数的健康成年人为对象作为公共设施设计是不全面和不公允的，应将全体公民都能利用作为设计的标准。无障碍设计及技术的开发和实施需要多方面的参与和配合，它是立法、标准、教育、科研、咨询、监督、管理、企业等部门和学科共同协调的综合性工作。无障碍设计的实施将雄辩地说明：人类的智慧和当代工业文明并非是奴役人类自身的异己力量，它是物为人用、以人为本设计宗旨的集中体现。

九、配景设施系统

在注重经济发展的同时，必须重视保护环境，追求社会发展与生态平衡的相互协调；必须大力提倡可持续发展、绿色设计，强化城市“绿肺”功能；必须努力优化城市的景观与延展历史文化内涵。其中优化配景系统的环境设施设计显得尤为必要，已在世界各城市环境建设中受到重视。

传统的配景系统设计的概念是以绿地为主，随着我国城市环境设施建设的蓬勃发展，以往单一的绿化手段已不能满足现今城市生活的需要。现代城市环境不仅对配景系统设计功能要求日趋突出，同时在景观美学上也有很高的需求变化。配景属于城市景观设计范畴，是城市设计不可分割的一部分。配景系统的环境设施设计与周围环境之间密切相关，既涉及功能的需要，更触及视觉、心理等问题。

配景系统设计一般分为绿景、水景、环境雕塑、壁画等。

（一）绿景

近年来，我国许多北方城市都受到沙尘暴不同程度的侵袭，就是水土流失、绿被资源被破坏的恶果。联合国认定城市最佳人均居住环境的公共绿地面积为 $60m^2$，我国认定标准为 $7\sim11m^2$，与国际先进水平相差甚远，为此应以多种方式积极推广绿化进程。

2008 年北京奥运会也倡导绿色奥运，绿色成为人们生活中最受欢迎的颜色，它代表一个城市的生命、健康和活力。用于绿化的植物包括乔木、灌木、藤本、花卉、草地及其他地被植物。绿化实质上是植物的景观作用。绿化在建设健康公共环境中占有越来越大的比重。

1. 绿化的类型

城市环境的绿化主要有道路绿化、广场绿化、公园绿化、住宅小区绿化等。

（1）道路绿化

城市道路绿化在我国还属于“初级阶段”，大部分城市道路绿化状况不尽人意。道路绿化能够使树木与各种类型的建筑物互相映衬，使道路环境协调统一和宜人，同时也软化了建筑物硬质的形态，在形态、色彩、纹理上与建筑物形成对比。

道路绿化一般分为人行道绿化、分车绿带、防护绿带、基础绿带四类。道路绿化通常采用规则式、两侧对称式进行设计，树木、花坛的设置要讲求一定的比例和节奏。行道旁大多种植高大的乔木，也可以铺草种花为主。前者可产生壮观、遮阳性好的效果；后者可产

图5-224　行道树

图5-225　行道树将城市道路的划分

图5-226　绿化隔离带也具有减少疲劳作用

图5-227　河边的道路绿化

图5-228　林肯表演艺术中心广场

图5-229　慕尼黑飞机场Kempinski酒店，赖纳 · 施米特；彼得 · 渥克1994年德国

生视野宽阔的效果（图5-224～图5-227）。

随着我国城市高速干道和大量立交交通的涌现，高速干道和立交交通带来了汽车噪声和废气污染的负面影响，极大地损坏了城市环境。一些道路绿化被侵蚀，道路绿化设计面临新的课题。

（2）广场绿化

城市街区或公共空间场所设置大小规模不一的广场或集中式绿化地带，在此植树、栽花、铺草、叠山理水，从而改善和净化、优化城市环境风貌，以多种可能性为城市居民提供良好的休憩娱乐场所。美国风景设计师基利设计的纽约林肯表演艺术中心北广场位于一组文化建筑群中。广场中心是长方形的水池，水池的一边布置着两列树池，树池6m见方，周边围成一圈坐凳。此外，在水池四周也放置了坐凳及可灵活设置的花坛，使广场作为一个宜人优雅的室外环境，为艺术中心广场增添了优雅宁静的氛围（图5-228、图5-229）。

(3) 屋顶花园

在近几年随着建筑的高度向垂直方向和空间发展，为改善城市环境和景观，韩国和日本都提出有关发展屋顶花园的措施。在寸土寸金的城市中，当经济发展到一定程度时，屋顶绿化将成为改善城市和建筑环境的最佳选择。我国上海鼓励实现屋顶绿化，发展屋顶绿化。屋顶花园不仅促进人居环境的改善，同时也促使相关的栽植园艺、培栽介质、灌溉系统、屋面防水及排水技术等的发展。屋顶花园对我国人口密集的城市来说，发展潜力越来越大（图5—230 ~图 5—232）。

图5—230　建筑顶部的园林效果

图5—231　象花房的屋顶花园

图5—232　屋顶雕塑与花池的组合

2. 绿化功能

(1) 实用功能

在绿化设计中，合理进行绿化分区，利用绿篱、建筑体等组成绿化空间。其中可以使用规整的树墙分隔空间；使用架空的通廊分隔空间；按照环境的需要可将空间分割为交通空间、休息空间、娱乐空间等。绿化空间具有以下功能：

视觉遮蔽；物理的区分、遮断、导向；防声、吸声（减少噪声影响）；防风、防沙、防雪、防火；防止水土流失。

(2) 生物功能

调节温度、湿度（调节小区气候）；调节空气、净化空气（减少空气中的含菌量、吸尘等）。

(3) 景观功能

美化与组织环境空间；构筑心理的安定感、舒适性；作为城市特定的象征、标志物。

(4) 功能分类

绿化功能分类比例参数，见表 5—16。

3. 绿化形式

城市环境中绿化基本有两种方法：自然栽植法与规则栽植法。公共环境绿化根据环境的功能和效

功能分类比例参数（以日本宫崎县调查情况为例）　　表 5—16

心理功能	生活环境保护功能	防灾功能	自然环境保护功能	疗养休息功能	经济功能
6%	19.0%	17.6%	13.7%	13.1%	13.0%

用，在有较大自由空间的公园等场所多采用自然栽植法，在广场等场所多采用规则栽植法。城市中绝大多数的公共环境绿化是经过人工化配置，只是有时显现自然形态，有时显现人工形态。

（1）树木

树木按生长类型有乔木、灌木、蔓生之分。从树木配置的方式可分为孤植、对植、丛植、群植、列植和篱植等几种方式（图 5–233）。

1）孤植。单一栽培的乔木称为孤植。它主要是以欣赏树木的某一特征特色为其目的，兼具有遮阳纳凉之功效。它常能成为人们注目的视觉聚焦点。

2）对植。常以突显某一领域空间的轴线关系，而在人行道左右两旁对称配置树木的一种形式。大多栽种相同体态和体量的树种，以乔木为多。

3）丛植。不同间距排列形成整体的栽种方式称为丛植。常以地被植物、灌木和乔木相互组合配置，构成多层次景观。也有与山、石、水体、花坛、建筑等结合组配方式进行丛种的，由此形成的空间景观美不胜收。

4）群植。以高大乔木为核心，也有辅以灌木，以构成大规模集中式树群的栽种方式称为群植，它能创造绿地中的幽静空间。如在上海世纪大道顶端两侧，密植数万株意大利杨树，蔚为壮观。

5）列植。在道路、河岸两侧栽种树木称为列植。它能起到导向、遮挡和分隔空间之功效。

6）篱植。这是一种行列式密植栽种树木的类型。一般栽种瓜子、黄杨之类的树木，可按树木品种分为高低绿篱。所栽种的树种应有较强的适应性，宜栽种四季常绿，枝叶密集，便于修剪的树木。

树木的造型取决于其树冠。树冠形态主要分为球形、圆锥形、圆柱形等。树冠经过人工修整，可呈现千姿百态。

（2）草坪

在城市环境中，用植物覆盖大面积地面的有效办法就是配植草坪。草坪具有降低地表温度、调节湿度以及改善生态和视觉等多方面功效，同时还给人们提供运动休闲和休息的公共场所。如在我国北方，铺植地面的植物很多，除地被植物：爬地柏、迎春、地锦、扶芳藤之

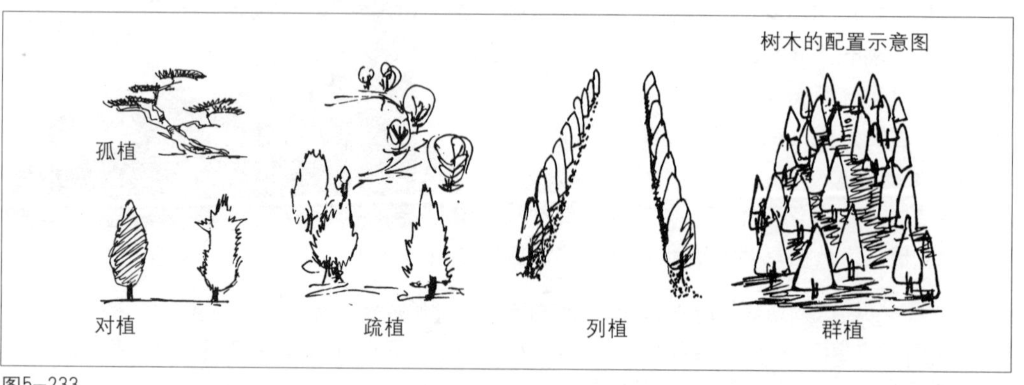

图5–233

外，野牛草、结缕草等草种以及苔藓类、蕨类植物也是铺地的主要植物。

草坪的配植设计，应综合考虑草种的耐阴、耐寒、耐践踏、耐干旱性，以及绿期的长短，以便人的观赏和使用。造价投资和日常养护管理等因素也影响着草坪能否更好地提高环境质量与发挥生态效益。

铺设草坪不仅考虑与整体环境、树木、建筑、环境设施、路面的关系，有时还要在重要地段（如建筑入口）草坪的草种选择上形成对比和过渡，以更好地烘托环境主题。在统一中求丰富、变化。在大片草坪内除树木、小型浇灌设备和装饰物之外，不宜设置醒目的告示牌、广告牌等与环境性质无缘之物，以保持草坪的凝重感。

图5－234　跌落式的广场草坪绿地

草坪边缘是草地与人、与环境相互沟通的最为直接的媒介。草坪边缘的线形应明晰、自然。在需要进行阻隔的草地边缘与硬质地面之间的衔接，最好以地被植物等矮小灌木代替围栏作为镶边，这可以使草地接近于人，更富于亲切感（图 5－234）。

在有些城市中容易形成一定人流交通的捷径空地上的草坪，尽量避免因铺设草坪而划为通行禁区。但实际生活中是难于实行的，许多草坪被人为地踩出小径。这就需要利用草种混播、铺设草种勾缝的石块地面，在路径上配植耐践踏的草种（如结缕草）等办法来改善。再有在一些较严重的缺水城市，抗旱草种的草坪及合理的规划、中水的利用是最为关键的。

（3）花坛

在公共环境中，花坛是庭院、公园、广场、道路中不可缺少的组景元素，对维护花木、点缀景观、突出环境意象可发挥极大的作用。花坛内以花卉为主，包含草坪灌木和攀缘植物等。

花坛分类可按花木的品种分，如单植和混植花坛；可按其造型分，如桶形、碗形、三角形、方形、树形、星形、带形等几何形花坛以及自由形花坛；可按点式、线式和组团等布局分类；也可按材料分类，如花岗石贴面花坛、瓷砖贴面花坛等。

花坛既可配置花草、树木，也可与水池、雕塑、建筑墙面结合，甚至组成休息座椅。花坛中种植树木的有关有效土层高度，见表 5－17。

花坛中种植树木的有关有效土层高度（cm）　　表 5－17

草坪	30	中木	60～90
灌木	45～60	乔木	90～150

（二）水景

古人的风水观，在择地相址中十分讲究水的方位、水势、水形等。近年来许多楼盘大作亲水概念，所谓房主人可在与水的对话中获得最自然的情趣，以此来提升楼盘品质、卖点，可见人们对水的迷恋。公共环境空间因水的流淌而宜人，并使城市的喧嚣消退。水具有增加城市环境情趣的巨大潜力，水不仅可创造出供人欣赏的意境，而且在被分割的空间之间保持视线的通畅，这是其他处理手段很难达到的。

水在环境中的表现形式有自然状态的水体和人工水体两大类。自然状态的水体包括溪河、湖池等，经过人工技术创造，经过艺术提炼，使其具有更理想的构图和意境。人工水体包括流水、落水、喷水等，由于它的存在，往往成为环境的“中心”。随着对外交流，西方文化的渗入，各种水景的方式在我国已普遍使用。近年来随着控制科学和电子计算机等技术的不断进步，已经能够使水的流向与音、光的组合表现出水的轻巧、多样性，水景的创造给予环境质量以极大地提高。

水景在应用中有：喷泉、泉流、瀑布、水幕、河流、水道、水池等各种不同形式，根据环境的特点而配置。水景在形、色、声三方面均能产生不同效果。水景与绿化、雕塑等环境设施结合，使水更有艺术性和文化性。水作为配景从古代西方的公园、宫殿庭园中开始使用，古希腊就出现饮用、洗手的流水式喷泉，成了居民聚集的场所。水的利用在中世纪的古罗马得到进一步发展，现在人们所使用的喷泉形式，仍是意大利文艺复兴时代至巴洛克时代的式样，具有综合的机能。以后随着水管道和泵的技术发展而开始机能分化。例如家庭的用水，从水井变化为自来水管道，改变了在户外的用水的状况；观赏的水、喷泉、瀑布等与雕塑组成环境的配景，作为城市的象征而确立了在整体环境中应有的位置（图 5-235 ～图 5-241）。

图5-235　九龙的钟楼经过水的映衬更加秀丽

图5-236　集艺术与实用于一体的罗马喷泉

图5-237　中海阳光棕榈园居住区的喷泉

图5-238　深圳世界之窗的水景入口景观

图5-239　沟渠与喷泉穿插于石景间，体现日式动静结合美感

图5-240　利用水的百变特性，流泉形成丰富的视幻效果

图5-241　各种造型的喷泉　巴黎

1. 喷泉

喷泉逐渐发展成为一种大型水造型。喷泉用动力泵驱动水流，根据喷射的速度、方向、水花等创造不同的喷泉形态。根据不断调节水流、水柱和速度的要求，喷泉可设计成不同的喷出水形，水形通常和喷嘴的构造、方向、水压有关。喷嘴一般可设计成喷雾状、肩状、菌形、钟形、柱形、弧线形、泡涌和蒲公英等多种形式。

现代喷泉采用计算机控制水、光、音、声，使喷泉艺术跃上了一个新的高度。如巴黎德方斯广场阿加姆音乐喷泉，66 个喷头呈“S”形布置，喷出 1 ～ 15m 高的水柱，能表演格什温的《蓝色狂想曲》、柴可夫斯基的《悲怆交响曲》、佩潘和阿乐纳德合作的《水上芭蕾舞曲》等 10 多个精彩节目。水柱随着音乐的变化，也极尽变化。另有一种“旱喷泉”，是喷泉与铺地结合的形式，动与静、虚与实的意境的营造，出现在城市的公共空间中。

喷泉的设计应注意以下问题：①靠近步道的喷泉应控制水量、高度和风向，避免被风吹时影响水的分散，水量大不一定就效果好；②安装在接水池内的喷嘴和水下照明灯，要上设水箅，以免被戏水儿童误踩，并易保持水面景观的洁净感；③照明灯具位置是指能够在喷水嘴的周围喷水端部水花散落瞬间的位置。灯具安装水面上时，应选择整体看到喷泉但避免出现眩光的位置。

2. 瀑布

在城市公共环境中，模拟自然界中的瀑布，通常利用地形高差和砌石形成人工瀑布，从而产生宜人优美的景观。并在斜坡底面埋置底脊，形成水的翻滚并产生泡沫。

瀑布形式繁多。在日本出版的有关园林营造的《作庭记》中，把瀑布分为“向落、片落、传落、离落、棱落、丝落、重落、左右落、横落”等十种形式。不同的形式所表达凸现的意味也有所不同，如丝落则“筑立石上端棱角纷起之水落石，水经其上，众条分流，成丝丝落上，持续而下”（图 5-242 ～图 5-244）。

人工瀑布中水落石的形式和水流速度的设计决定了瀑布的形式。人工瀑布设计可根据人及环境对形式的要求和限定，选择水落石和水速并予以综合，从而使瀑布产生微妙之变化，

图5-242　著名的落水广场的景观　美国

图5-243　由会田雄亮设计的陶瓷落水景观　小濑公园

图5-244　设置在跌水坡面的走道增强了视觉动感和情趣　美国

利用不同的落差，不同的水速、角度和方式产生的不同的声音，来享受大自然带来的无比乐趣。

建筑室内中的人工瀑布，系对自然山水素材进行去粗取精的艺术加工而设计的。它通过对真山真水的提炼概括，使之更为精炼和集中，可达到“虽由人作、宛自天开”的艺术效果。为显示出可见的人工瀑布是水流台阶或斜坡或瀑布，可利用斜面反射光线，并在下部底面埋置底脊，造成水的翻滚波涌。现代更多地使用水幕设计，造成不同的由上向下不同变化的溢流沿，获取各种水幕造型。

现代公共空间中运用水幕的实例日见增多。水幕既可以构成空间的背景，提供具有悦耳的水声，闪光的水色，组成空间动感的垂直面。也可以构成视线的聚焦点，以其特殊的声态与宁静的环境产生对比。水幕模拟天然瀑布的势态声貌，着重表现水体的姿态、水声和水色，以动态取得与环境的对比。

瀑布的设计应注意以下问题：①对壁面石板应采用密封勾缝，以免墙面出现渗白现象。②如强调透明水花的下落过程，在壁面上作连续横向纹理。③沿墙面滑落瀑布水厚一般为 3 ～ 5cm，大型瀑布水厚为 20cm 以上。

3. 水道

在水景设计中，所谓水道就是狭长的水池或有装点作用的水渠。水道主要以线型的水流为主（包括自然式溪流）。根据水景来龙去脉的总体构想，来确定水道的形式、线型、水深、宽度、流量、流速、池底和护岸材料等（图 5-246）。

近年来将日本“枯山水”的理念的原意升华，将磨光深色花岗石铺砌整个庭院、广场或室内中庭的地面，经过特殊勾缝处理，造成一种特有的“水景”幻觉。这种“枯山水”的理念，也可将起伏不平的地面和池底连为一体或以大片鹅卵石铺地等手段体现（图 5-245）。

图5-245 枯山水园林 日本

图5-246 雕塑与水道结合的落水设计

在设计中主要注意三点：其一，必须考虑儿童进入的可能，因此水深在30cm以下；其二，对池底要考虑防滑、防扎，并加强对池底的清扫维护；其三，对池底和护壁均作防水处理，以免渗漏。

4. 水池

水池一般由池水、底面和驳岸三部分组成。其附属设施有点步石（汀步）、水边梯蹬、池岛、池桥、池内装饰、绿景、喷泉瀑布等。水池设计的基本要素为材料、色彩、平面选型、与其他水景组合、池底与地面竖向关系等。

水池从形态上可分为点式、线式和面式三种。

（1）点式水池一般规模较小，在小型环境中起到点景作用，从而易成为空间的视线焦点，使人感受到大自然清新的气息。

（2）线式水池具有一定的方向，具有分割空间的作用。水面有直线形、曲线形和不规则形等，可以和桥、踏步、板、石块、绿化、雕塑及各类休息设施设备组合（图5-247）。

（3）面式水池通常规模较大，有一定控制作用。形状有几何形、方形、圆形、椭圆形等，也可组合搭接成更为复杂的形状。

规则的设计选型要比不规则的几何形或自然形容易取得效果。为了衬托出水的欢快清澈以及瀑布和喷泉的造型，通常在池底面选择较艳丽的色彩或装饰图案，池的外沿处理成容纳外泄的水沟（图5-248）。

（三）环境雕塑

环境雕塑是公共艺术、环境艺术整体中重要的组成部分。城市中的雕塑存在于一定空间环境中，以美化、协调环境为

图5-247 板型柱列、水池列阵延伸空间 澳洲

图5-248 与周围建筑呼应的水池装饰 拉德芳斯新城

目的，构筑环境的整体意义；同时以其形象特质成为空间区域的标志性景观，诗化了空间环境。

环境雕塑也被称为“公共雕塑”。这种定义使其异于一般美术作品的雕塑，它不仅是艺术作品，更具有社会属性和（视觉）大众传播特性。其与人们的生活密切相关，适应陶冶和启迪大众的审美情趣的需求，同时展现社会精神、城市风貌，反映着时代的精神。在古代欧洲城市教堂的壁柱及广场等处，设置雕塑作为市民普遍意识的象征，对作为该城市的历史见证起了极大作用，所以环境雕塑对于城市和地区规划是不可欠缺的。创作于公元前500年，高85cm的《母狼》青铜雕像，人们把它作为民族发源的始祖而予以顶礼膜拜，现在《母狼》雕像已成为罗马市的象征（图5-249）。我国的雕塑，自古以来以佛像雕刻为主体，包含了佛教的价值观，见图5-250。西方的雕塑传入我国，则是近代才开始的。现代雕塑的发展，改变了雕塑的性格，抛弃了权威的象征、建筑的装饰、社会政治的目的，以不同的形式表现各种意义。作为构成环境要素的雕塑，包含了历史地域文化的风俗习惯、自然景象及居民的观念。雕塑和环境密切结合，具有了新的意义。环境雕塑作为城市和街区的象征，表现城市广场空间具有重大意义。

1. 环境雕塑的类型

环境雕塑的题材广泛，手法多样，一般分为纪念性雕塑、主题性雕塑和装饰性雕塑三大类型。

(1) 纪念性雕塑

纪念性雕塑一般都设置于视觉中心处，如城市广场或进入城市的主要通道处。纪念性的雕塑作品设计，往往与建筑共同传达城市、民族、地域的人文背景，烙下时代的印记。广场的雕塑常以城市发展和城市突出事件、历史人物等来体现城市特色，是空间环境的主体物，形态主题宏伟，富有一定精神内涵。在表现形式既有具象的写实手法，也可采用象征性的

图5-249　罗马城的标志

图5-250　云冈石窟的大佛雕刻

图5-251　英国伯明翰市政府广场社会改革家雕像

图5-252　日本东京　吹笛神女

抽象手法。其形态大到群像小到头像、胸像等多种样式。如英国伯明翰市政府广场社会改革家的雕像，突破了传统纪念性雕塑的表现形式，消除了纯艺术给人高高在上的感受，拉近艺术与公众关系，体现公共艺术社会价值功用（图 5-251）。日本东京街头与环境设施融为一体的主题雕塑《吹笛神女》，除了其实用功能，还起到营造区域环境氛围、传递精神的作用，给行人以视觉美感（图 5-252）。

（2）主题性雕塑

主题性雕塑具有主导性和象征意义，鲜明地反映历史及其发展趋势和强烈的时代精神面貌，揭示城市环境的主题，甚至成为城市的标志和重要象征。美国纽约伯德罗埃岛上的自由女神雕像，不但是纽约的标志，而且已成为整个美利坚民族的象征。世人公认的丹麦首都哥本哈根的象征是雕塑《海的女儿》，这是艺术家根据安徒生童话而雕铸的一尊美人鱼铜像。她端坐在海滨公园的大石头上，眉宇微锁、神情忧郁，凝视大海，似乎在沉思和企盼。人们到哥本哈根旅游观光，几乎都会去拜访一下这位“海的女儿”（图 5-253）。

图5-253　海的女儿　哥本哈根

（3）装饰性雕塑

装饰性雕塑是城市雕塑的最主要的组成部分。它通常以欣赏性、趣味性和与环境的适应性、调和性为特点。装饰性雕塑题材也最广泛：动物、人物、童话、神话、传说、寓言、体育、生活情景、生活用品设施等皆可；设置地点也十分宽泛：游乐场、园林绿地、步行广场等等；材料制作选择余地也比较大，艺术手法或写实，或变形，或抽象，或构成装置，只要形式美，加工材料质地合适以及所设置地点合理和有效，均能取得良好的观赏效果和艺术效应。

2. 环境雕塑的表现形式

从城市雕塑的表现形式看，城市雕塑可以分为浮雕、圆雕和动雕三种。

（1）浮雕

浮雕有高低之分。高浮雕起伏大，视觉上有三度空间的意象；低浮雕虽有起伏的三次元因素，但其性质无法以真实空间构成景深和环境，而是利用透视、错觉等造成抽象的空间效果。

（2）圆雕

圆雕具有高、宽、深三度空间，是环境雕塑艺术的主体形式。其艺术语言和艺术表现基本上可以代表城市雕塑的主流。

（3）动雕

动雕就是活动或运动的雕塑，是相对静态雕塑而派生出的雕塑表现形式。

1932 年，美国雕塑家亚历山大 · 卡德尔（Alexander Calder）展出了可活动的雕塑，把时间注入了雕塑的形体与空间中，由此形体与空间不断地转换，虚实空间交替更换（一般是将金属片切割成一连串的几何形状，再以金属丝连接，涂上各种原色或黑色，然后在外力触碰、助推下使之像行星仪般运转，在三度空间的运动中面、块、色依次产生变化。起初，卡德尔的活动雕塑是用马达带动的，金属片宛如风格派画家蒙德里安的矩形摆动起来，在空中幻化成一幅抽象的几何图形。发展到后阶段，卡德尔利用自然风吹拂雕塑自由转动，以引起富有诗意的联想。那些三角形、圆形、螺旋形、流线形、不规则形的金属片和金属丝，类似米罗、阿尔普作品中变形虫状的生命的隐喻，这种潜意识的有机体结构，随着自由运动而不断变化，展现出令人目眩的空间意象）。

近年来，音雕与水雕异军突起，开始出现在城市环境中。音雕、水雕是指当代雕塑家利用现代材料的物理性能（如金属的或玻璃纤维的管、枝条、页片等），结合气流、水流、惯性、电磁等物理态，或是借助光色、音响等电脑控制所创造出来的一种形式与律动。光影与音韵的时空雕塑综合构成，是现代雕塑艺术运用当代科技成果所产生的一种艺术表现形式和语言。

3. 环境雕塑与公共空间

环境雕塑的形体与空间是相互表现并共同构成艺术效果的。空间用以表现雕塑形体，形体的表现也离不开空间。而雕塑与环境则更要讲求总体效果的一致性和整合性（图 5–254 ～图 5–269）。

图5–254　柱状导向雕塑

图5–255　延展与划分空间功能的雕塑柱

图5-256　与环境融合的雕塑

图5-257　萨克拉门托市广场雕塑

图5-258　抽象雕塑成为建筑空间亮点

图5-259　大英博物馆广场雕塑

图5-260　东京儿童活动中心小品

图5-261　新宿商业街的小品　Roy Lichtenstein设计

图5-262　新宿商业街的小品　Robert Indiana设计

图5-263　尼斯滨海道的小品

图5-264　德方斯广场的小丑跳舞造型雕塑

图5—265　绿地中的公共雕塑，赋予动感与韵律

图5—266　德国科隆市公共雕塑

图5—267　天津滨海新区的景观雕塑

图5—268　北京长安街的小品

图5—269　公园中公共雕塑　澳大利亚

（1）环境雕塑空间意义

英国雕塑家亨利·摩尔说："形体是受空间包围的，这个空间紧密地接触形体，挤压形体，或联合各种空间关系，或对立各种空间关系。"现代雕塑表现手法的凸现之处在于突出空间表现，并由此确立了空间在雕塑中的地位，使空间的作用意义愈加明确——空间不再是仅为表现形体而单纯地存在，而是被作为艺术主题和与主题相关的形式因素来表达。正所谓空间既是表现的因素，又是表现的内容。

雕塑给人的直接视觉效果是形体，而空间则是通过形体间接地造成表现意象。一件具有空间意识的雕塑作品造型，应当是有生命力的造型，否则很难说作者对空间意识的真正理解。生命力也就是在立体造型的环境和场所的空间中，给欣赏者以视觉空间和运动空间的感觉，即虚空间和它与周围空间的相关性。

(2）环境雕塑空间的形式

环境雕塑的空间有三种形式：内空间、外空间与内外空间。

1）内空间

内空间是被封隔在形体内的空间。形体不完全围合，也可构成内空间。内空间在形体一定形式的限制下，在视觉上造成被形体包绕的感觉意象。例如一些现代雕塑常采用透明材料表现封闭性的内空间。

2）外空间

外空间是指形体以外的空间，它包围形体，同时也受形体的制约，造成外空间的形体是开放性的。外空间具有明朗和丰富的表现力，但其空间感较内空间稍弱，受雕塑形体的制约较小，可以向形体外延伸。

3）内外空间

内外空间是在形体有明显的内空间的情势下，使内空间和外空间同时得到表现的空间。内外空间通常也有两类形式：其一呈半封闭空间状，通过半封闭空间的不封闭处，使内空间与外空间相互沟通；其二是一个雕塑形体的内空间中包括有另一个形体的外空间，形成综合的内外空间。

这种内外空间的双重性在形体上构成互动的张力，环境雕塑空间的形状，可因组成空间形体的特征，分为几何形和不规则的有机形两种。简单的元素，在通过不同的空间组合和重构后，可以获得无限的效果，而环境雕塑空间的艺术表现，正是在变化互动中产生无穷的艺术魅力和内涵。

(3）环境雕塑与环境

城市雕塑与环境，既要有协调，又要有一定的距离；既可单独地看，又需结合周围环境欣赏。例如，人与高大建筑群体之间的协调，雕塑在此首先以尺度比例起到恢复弥补人类失去空间平衡的心理差异。所以，这种形式上的美感，既要能近看、细看，又要能远看、多面看和整体观照，都是理想的空间效果。

黑格尔在《美学》一书中指出："艺术家不应该先把雕刻作品完全雕好，然后再考虑把它摆在什么地方，而是在构思时就要联系到艺体的外在世界和它的空间形式和地方部位。"亨利·摩尔也曾说道："雕塑是户外艺术，阳光对它极为重要。对我来说，最好的雕塑，是对自然的补充。"可见两位世界级的艺术家都十分注重雕塑与环境的相互关系，说明在设计雕塑方案的过程中，探讨环境的特点，分析朝向、空间、人流、噪声及周边建筑环境的特征，推敲、测定雕塑的体量与尺度，包括雕塑与底座的连接关系等等，进行统筹安排，整合设计，避免视觉的污染是至关重要的。

(4）公共雕塑与城市形象的关系

1）公共雕塑与城市形象设计的发展

城市形象设计的视觉信息传达的重要载体是城市公共环境，城市公共环境是多种人工形态与自然形态的空间规划布局。作为公共环境艺术主要内容的公共雕塑是交流与沟通的空间媒介，它影响着整个城市的文化形象、经济活动，甚至是城市“灵魂”的集中体现。

在 20 世纪以前，由于受材料技术的限制，雕塑与建筑结合体的发展遇到瓶颈。而在现代材料的使用下，雕塑与建筑在形式与构造上的区分变得模糊了，尤其是一些现代建筑空间中公共领域的标志性设计，让人无法确切地说出是建筑还是雕塑，人们用“公共艺术”的概念来解释在现代艺术设计领域里这种模糊的形式。公共雕塑的更新发展有赖于雕塑艺术家与建筑师、规划师在空间里共创城市形象的和谐发展（图 5-270）。

图5-270　造型简洁流畅《情侣》雕像尺度与建筑相呼应

2）城市空间的塑造增强了公共雕塑在城市形象塑造中的作用

公共雕塑是公共空间的重要组成部分，也是城市形体环境设计中的一种方法，它贯穿于城市规划中的各个编制阶段，在不同编制阶段都有自己不同的任务和重点。同时，它还要把城市规划进一步具体化、细致化，不仅要考虑静态的建筑等物质，还要考虑动态的在环境中活动的人，要在设计中体现对自然环境和历史文化环境的保护、利用和创新。

城市的构成包括色彩、质感、比例、风格、性质、个性与特点。许多城市都有悠久的历史，城市的构成通过其建筑风格和各种偶然性的布局展现了不同时代的印迹。对于环境的改造者来说，最主要的应该是从感情上去贴近公众。

艺术的最高境界是和谐，对于公共环境艺术来说，和谐更是极致的追求。公共雕塑营造的公共环境艺术正是将和谐在现实中付诸实现的过程。而要使一个空间区域内的不同建筑群与公共雕塑、环境形成和谐的“城市交响乐”，就需要雕塑家、规划师、建筑师、园林设计师共同的努力。

（四）环境雕塑设计中应重视的问题

1. 雕塑应考虑其体量、比例、尺度、形态、色彩、质地等因素，使之与环境空间融为一体。应满足人们动态、静态、远近及多角度的欣赏。

2. 雕塑的材料较丰富，根据不同环境和雕塑本身的要求，选用充分体现雕塑内容的材质和色彩，如大理石、汉白玉、不锈钢、青铜，也有普通的混凝土制品。

3. 一般雕塑常与绿化、水体和灯光配合形成一组环境景观，加强了环境的特征性和生动性。雕塑与灯光照明结合，产生透明、清幽的环境效果，增加雕塑的艺术性和趣味性；雕塑与水体配合表现出虚实、动静的对比效果，构成现代雕塑景观；雕塑与绿化相协调，呈现出硬、软，明、暗的艺术效果（图 5-271 ～图 5-273）。

图5-271　新宿商业街雕塑与水景　长泽英俊设计

图5-273　具有鲜明地方特征　天津滨海新区

图5-272　上海淮海中路雕像

十、其他系统设施

在公共环境设施系统中，尚有许多设施未能归纳在以上各类系统中。如计时装置、购售设施、塔、门、桥及多功能综合设施等。

（一）计时装置

城市公共空间中的计时装置是具有传达信息、装点景观作用的环境设施。计时装置可以向人们准确地报时，表明城市生活的节奏，映射城市文化和效率。计时装置一般设置在城市绿地、街道、广场和公园，占据入口或中心等重要位置。计时装置的种类很多，如机械表、电子表、自鸣钟等，近几年开始出现的水钟、光显示器等已引入到城市环境中。各种造型别致的计时装置对城市景观起到活化作用，有的成为区域环境中的标志性景观（图 5-274 ～图 5-279）。

计时装置设计要点：

其一，设计计时装置时，要注意其高度和位置，使之在空间环境中既醒目又和谐；具有良好的防水性能，便于专人维修、校对却不易被他人接触到显示部分。

其二，功能趋向综合性，与雕塑、花坛、喷泉、广告牌等设施相结合。如街钟与建筑物结合，

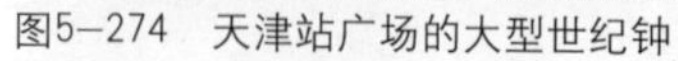

图5－274　天津站广场的大型世纪钟　图5－275　计时装置常与雕塑建筑结合

图5－276

图5－277

图5－278

图5－279

图5－276、图5－277　停车计费装置保证了人行道的畅通有序　图5－278、图5－279　广泛应用在天津的计费器

依仗建筑物的高度易形成街道空间环境中的视觉焦点。在设计中要注意结合地域环境特征。

其三，可以运用新材料与现代视听、光幻技术结合，引入新型机械、显示技术等。

（二）购售设施

1. 购售设施特征

购售设施包括自动售货机、流动售货车、书报亭以及各式服务亭站等，是商业环境中的重要设施之一。这类设施具有造型巧妙、色彩明快、体量小、分布广、数量众多、服务专一、有一定机动性等特征。如自动售货机形态大多成箱形，色彩明快，网点设置相对集中。自动售货机以投币式居多，主要用于销售香烟、饮料、食品、报刊等零星物品（图 5－280）。流动售货车机动性强，内容品种较为丰富，一般多为机动车改装而成，展现出另一种风情（图 5－281 ～图 5－284）。

图5-280　火车站售票机　瑞士

图5-281　各种服务商亭

图5-282

图5-283

图5-284

2. 购售设施设计要点

（1）在配置布局上应做到和人流的活动路线的一致性，使人们易于识别和寻找。

（2）应考虑在网点摊前留有供人活动的空间场地。

（3）应注意自动售票机、打卡机、汽车计费器等信息界面设计要清晰，特别是夜晚的使用，应考虑灯箱照明和液晶板显示（图 5-285 ～图 5-288）。

图5-285

图5-286

图5-285、图5-286　自助取款系统

图5-287　入选ADI-FAD Delta奖的旅游咨询亭

图5-288

（三）地面建筑设施

地面建筑设施是指地面与建筑结合部位的设施。如露天自动扶梯、采光窗、通风井、排气口等。随着人们生活空间的扩大，环境设施的完备，地下建筑与地面关系的密切，地面建筑设施多以艺术装饰的形式呈现，成为设计师热衷的手法（图 5-289 ～图 5-291）。

（四）门

城市公共空间中的门，作为环境设施有时并非在实际上起到门的作用，多位于空间的序列或中央，实为限定和联接内外空间的通行口，而一般不影响人、车的通行。实质上是旨在构筑人们心理、精神上一种门的概念。

标志性大门以独特的功能和形象，成为城市或区域的象征，是所在场所特性的体现，如

图5-289　天津开发区商务空间的通风口

图5-290　采光窗成为地面雕塑景观　上海

图5-291　建筑的通风口　韩国首尔

图 5–292。巴黎凯旋门和德方斯新凯旋门等，以所处位置区域的历史、社会、文化的涵义，奠定了其在整体环境空间中的作用，成为反映城市意象的地标（图 5–293）。

由门阙和坊门演化而成的牌坊，是中国古代常用的领域性的大门。除了在环境中起着划分街道空间和歌功颂德的作用，还是宗法制度的物化标志，成为精神的产物。

门的设计要点：第一，门的高度、柱距及门的横额或顶盖的设置，应注意穿越道路的路宽、人与车的流量、内部领域空间的关系等，特别是大门与主体建筑间距对景观的影响。第二，大门具有轴线标识和视觉焦点的作用，在材料和色彩的选择上应注意其与路面及周围环

图5–292　上面的文字提醒行人司机所在区域，具有标志性，起着划分、限定空间的作用

图5–293　凯旋门

境的对比、协调的关系，并防止眩光的影响。第三，可与道路附属设施结合，发挥综合作用。如与水景、绿化、雕塑、看板、灯光等结合，起到渲染领域环境，衬托空间氛围的作用（图5-294、图5-295）。第四，作为区域性大门，可借助于建筑、环境设施，融入领域大门的概念。如通过公路桥、过街桥等设施来设计“门”，可节省物力、财力，易于维护。

图5-294　具有框景、导向作用，位于天津塘沽

图5-295　芳水园居住区的入口

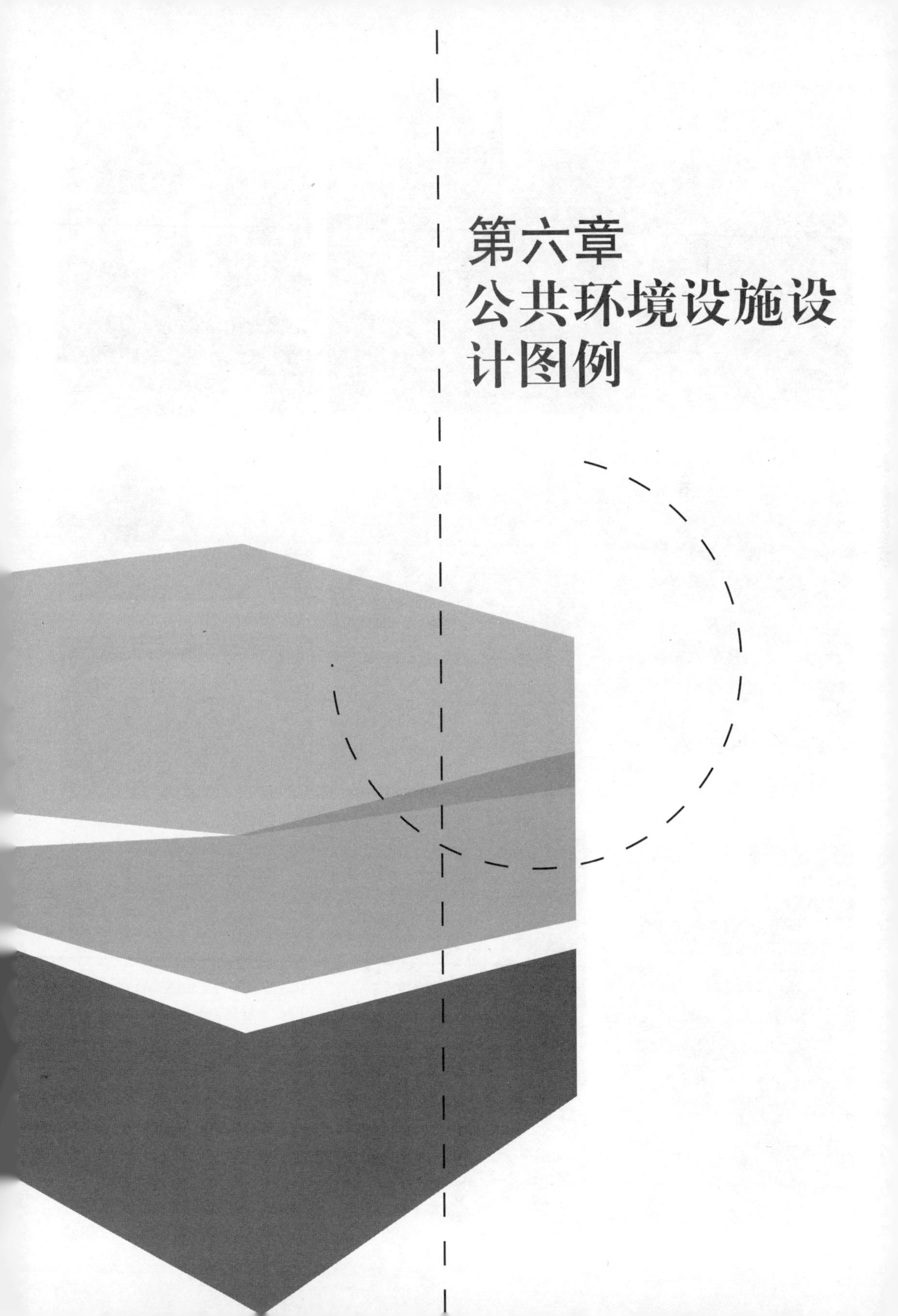

第六章 公共环境设施设计图例

图6-1

图6-2

图6-3

图6-4

图6-5

图6-6

图6-7

图6-1、图6-2　城市的商务空间
图6-3　罗马圣彼得大教堂广场
图6-4　公路的防声壁
图6-5　公共绿地的消防设施
图6-6　停车计费器，加拿大
图6-7　管理设施
图6-8、图6-9、图6-15　与铺地统一的井盖
图6-10～图6-12　各种树箅
图6-13　与绿景结合的墙栏
图6-14、图6-16、图6-17　不同材质的围栏

图6–8

图6–9

图6–10

图6–11

图6–12

图6–13

图6–14

图6–15

图6–16

图6–17

图6—18

图6—19

图6—20

图6—21

图6—22

图6—23

图6—24

图6—25

图6-26

图6-27

图6-28

图6-29

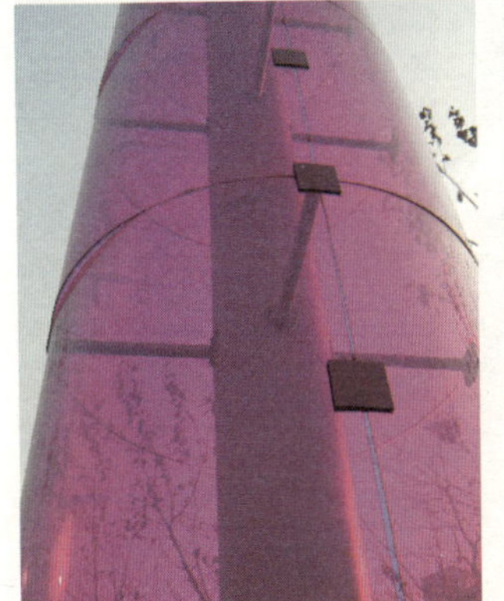

图6-30

图6-31

图6-32

图6-33

图6-34

图6-35

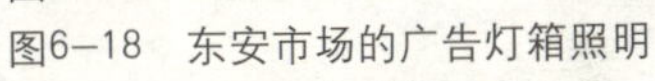

图6-18　东安市场的广告灯箱照明
图6-19　北京西客站的环境照明
图6-20　天津泰达开发区入口灯光景观
图6-21　商业环境中霓虹灯广告，王府井
图6-22　迪斯尼乐园的照明
图6-23　城市广场水景照明
图6-24、图6-25　城市的夜景
图6-26～图6-29、图6-31～图6-33　各种形式的照明设施
图6-30　标志性的城市动感光柱，天津开发区
图6-34　东京的可口可乐的广告塔
图6-35　路灯照明，美国
图6-36、图6-37　激光水幕的奇妙效果

图6-36

图6-37

图6-38　封闭式的电话亭，瑞士
图6-39　日本街头的公共电话
图6-40　封闭式电话亭
图6-41　嘎纳电影节的公共电话
图6-42　商业环境中的电话亭，加拿大
图6-43　街头封闭式电话亭
图6-44　具有引导作用的幡旗列
图6-45　车站牌，美国
图6-46　天津保税区的入口标志
图6-47　与建筑一体的信息板，东京
图6-48～图6-51　公共环境中的看板
图6-52　电子信息指示系统
图6-53～图6-56　与建筑协调的指示牌
图6-57　巴黎的广告柱

图6-38

图6-39

图6-40

图6-41

图6-42

图6-43

图6-44

图6-45

图6-46

图6-47

图6—48

图6—49

图6—50

图6—51

图6—52

图6—53

图6—54

图6—55

图6—56

图6—57

图6-58～图6-65　各种饮水器

图6-66　具有广告塔功能的公共厕所

图6-67　公共环境中的小型公厕

图6-68　环保的自动化公共厕所

图6-69　卡通及形象造型的分类回收箱

图6-70　悉尼奥运会使用的分类垃圾箱

图6-72～图6-80　各种材质的垃圾箱，美国

图6-71　柱头型烟灰缸，美国

图6-58

图6-59

图6-60

图6-61

图6-62

图6-63

图6-64

图6-65

图6-66

图6-67

图6-68

图6-69

图6-70

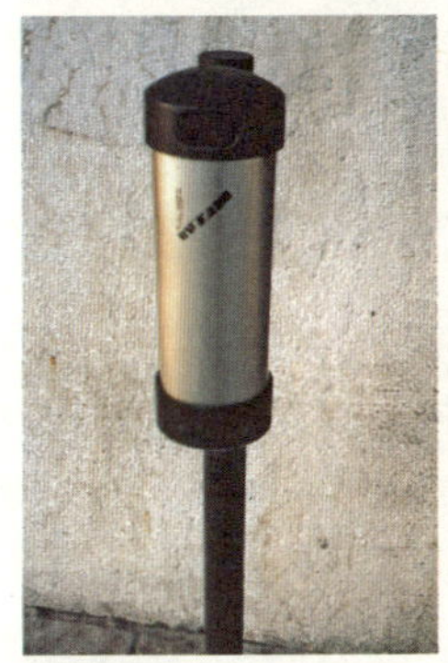
图6-71

图6-72

图6-73

图6-74

图6-75

图6-76

图6-77

图6-78

图6-79

图6-80

图6—81

图6—82

图6—83

图6—84

图6—85

图6—86

图6–87

图6–88

图6–89

图6–90

图6–91

图6–92

图6–93

图6–81　街边配套的设施

图6–82　俯瞰布置像符号、图案的休息椅，美国

图6–83　居住区的休憩空间

图6–84　绿色路灯的组合方式与绿植、建筑休息椅形成有趣的空间

图6–85～图6–90　不同的长椅的设置形式

图6–91　与花坛组合的休息椅

图6–92　便于亲密交谈的布置

图6–93　街边的休息设施，天津梅江

图6-94～图6-98、图6-106　各式的候车亭，美国
图6-99　具有自动售票功能设施齐备的公共车站
图6-100　越战纪念碑的铺地与碑体、草坪、绿树交映统一
图6-101　美国城区路边铺地与环境和谐中透着温馨
图6-102、图6-103、图6-105、图6-107　环境不同的铺装
图6-104　屋顶造型的候车亭

图6-94

图6-95

图6-96

图6-97

图6-98

图6-99

图6－100

图6－101

图6－102

图6－103

图6－104

图6－105

图6－106

图6－107

图6–108

图6–109

图6–110

图6–111

图6–112

图6–113

图6–114

图6–115

图6–116

图6–108、图6–109、图6–111　自行车架，美国、加拿大

图6–110　卢弗尔宫金字塔入口

图6–112　地下铁的入口，东京

图6–113、图6–114　具有隔离作用的止车石障

图6–115　过路天桥

图6–116　人行道

图6–117　拉斯韦加斯的娱乐城

图6–118、图6–119　大型的游乐设施

图6–120　大西洋城的娱乐中心

图6–121～图6–123　综合游戏设施

图6–124　卡通造型的游戏设施

图6-117

图6-118

图6-119

图6-120

图6-121

图6-122

图6-123

图6-124

图6-125　障碍的设计是使环境无障碍
图6-126　为视力障碍者提供可触摸导识位置图　香港
图6-127　高1.2～3m的《红色记忆》环雕塑
图6-128　车站的无障碍铺装
图6-129　护柱也可供人休息之用
图6-130　踏步的无障碍铺装
图6-131　最上寿之的街头雕塑，日本横滨
图6-132　柏林熊的雕塑
图6-133　布鲁塞尔世博会的环境雕塑
图6-134　门的雕塑与水景
图6-135　东南亚池水小品
图6-136　动物园的大门景观

图6-125

图6-126

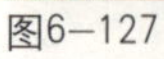

图6-127

图6-128

图6-129

图6-130

图6—131

图6—132

图6—133

图6—134

图6—135

图6—136

图6-137

图6-139

图6-138

图6-140

图6-141

图6-142

图6−143

图6−144

图6−137　中海阳光棕榈园的水体设计
图6−138　石材的亲水踏步，天津梅江
图6−139　碧华庭居小区的绿景设计
图6−140　宁波天一广场的绿景
图6−141　陶瓷和落水的景观（会田雄亮），日本神户
图6−142　日本新宿街头的景观
图6−143　街头的装饰
图6−144　雕塑与水体，墨尔本
图6−145～图6−147　车轮式的售货亭集实用性、装饰性、趣味性于一体，美国
图6−148　形象可爱，一目了然的售货亭，墨尔本

图6−145

图6−146

图6−147

图6−148

图6－149

图6－150

图6－151

图6－152

图6－153

图6－154

图6－155

图6－149～图6－154　造型各异的计时装置

图6－155　与其他环境设施相配置的街头计时设施，东京

参考文献

1. 彭一刚.建筑空间组合论.北京：中国建筑工业出版社，2004.

2. (西)约·马·萨拉 "Elementos urbanos" Edititoral Gustavo Gili,S.A.
   周荃译 大连：大连理工大学出版社，辽宁科学技术出版社，2001.

3. 官政能.公共户外家具.台北：艺术家出版社，1994.

4. (美)芬克.G.Finke Urban Identities.Madison Square Press.1998.
   张凤等译.大连：大连理工大学出版社，2001.

5. (美)盖尔·戴博勒·芬克.公共环境标识设计.合肥：安徽科学技术出版社，2001.

6. 黄引达 孙淼.室外艺术照明设计方案.南京：东南大学出版社，2003.

7. 城市灯光环境规划研究所吴蒙友等.21世纪城市灯光环境规划设计.北京：中国建筑工业出版社，2002.

8. 于正伦.城市环境创造：景观与环境设施设计.天津：天津大学出版社，2003.

9. 陈维信.环境设施设计方案.南京：江苏美术出版社，1998.

10. 胡宝哲.东京的商业中心.天津：天津大学出版社，2001.

11. 宛素春.城市空间形态解析.北京：科学出版社，2004.

12. 梁雪 肖连望.城市空间设计.天津：天津大学出版社，2000.

13. 汤重熹.城市公共环境设计2：公共卫生与休息服务设施.乌鲁木齐：百通集团 新疆科学技术出版社，2004.

14. 荆其敏.建筑环境观赏.天津：天津大学出版社，1993.

15. 施慧.公共艺术设计.杭州：中国美术学院出版社，1996.

16. 顾小玲.景观艺术设计.南京：东南大学出版社，2004.

17. (日)荒木兵一郎 田中直人.国外建筑设计详图图集3：无障碍建筑.北京：中国建筑工业出版社，2000.

图例说明

本书大部分图片由董雅、张夫也、张海林拍摄，其余图片来自国内外优秀设计资料及同仁的大力支持，在此一并表示感谢。